学前儿童心理学理论与应用

主　编　王桂芳
副主编　田再法　吴叶君
参　编　程　福　刘　宁　王苗苗

合肥工業大學出版社

图书在版编目(CIP)数据

学前儿童心理学理论与应用/王桂芳主编．—合肥：合肥工业大学出版社，2021.8

ISBN 978-7-5650-5401-3

Ⅰ.①学…　Ⅱ.①王…　Ⅲ.①学前儿童—儿童心理学　Ⅳ.①B844.12

中国版本图书馆 CIP 数据核字(2021)第 170597 号

学前儿童心理学理论与应用

王桂芳　主编

责任编辑	张择瑞　赵　娜
责任校对	郭　敬　童晨晨
出版发行	合肥工业大学出版社
地　　址	(230009)合肥市屯溪路 193 号
网　　址	www.hfutpress.com.cn
电　　话	理工图书出版中心：0551-62903204 营销与储运管理中心：0551-62903198
开　　本	710 毫米×1010 毫米　1/16
印　　张	12
字　　数	229 千字
版　　次	2021 年 8 月第 1 版
印　　次	2021 年 8 月第 1 次印刷
印　　刷	安徽联众印刷有限公司
书　　号	ISBN 978-7-5650-5401-3
定　　价	32.00 元

如果有影响阅读的印装质量问题，请与出版社营销与储运管理中心联系调换。

前　言

近几年里，我国学前教育专业规模不断扩大，在一定程度上缓解了幼教一线专业教师严重不足的状况。随着《中共中央　国务院关于学前教育深化改革规范发展的若干意见》的发布，学前教育改革不断深化，人才培养质量要求也在不断提高。开设高职学前教育专业，是面向学前教育一线培养实用型合格专业工作者的重要路径之一，因此应在全面提升质量方面推进重大改革，以确保人才培养质量，满足人民群众对幼有所育和高水平学前教育的美好期盼。

在专业人才培养中，课程是确保人才质量的重要因素。"学前心理学"作为高职学前教育专业学生的必修课程，是以心理学、发展心理学等基本理论和知识，学科最新研究成果为基础建立起来的一门专业基础理论课。课程旨在帮助学生掌握学前儿童身心发展特点和规律、树立科学儿童观，以提升专业理论素养，形成运用理论来认识分析儿童心理和行为、科学解决儿童教育问题的能力，为学生成长为合格的学前教育工作者奠定基础。

在教学诊断持续推进和"三教"改革实施过程中，我们深感现有高职学前心理学教材存在着多方面不足，制约着课程教学效果的提高，故而在教学中组织专业教师进行探索和尝试，突破现有教材的局限，建立起适合高职学前教育专业学生的兼顾理论知识学习和职业能力培养的教学体系。借助于院级质量工程建设，学前心理学课程教学与教材改革已取得初步成效，在院系的支持和各位专业老师的共同努力下，学前心理学的院本教材《学前儿童心理学理论与应用》已编写完成。

教材编写一方面立足于高职学前教育专业学生专业理论素养的获得，以学前儿童心理发展的知识作为学习重点，兼顾了学生对心理学基础知识的了解，力求让学生形成较完整的知识结构；另一方面注重了学生职业岗位技能的培养，设置了专业技能实训单元"幼儿心理发展特征的观察与分析"，引导学生将理论与实践结合，在运用课堂所学的过程中巩固知识，促进专业能力的发展。

本教材是一本适合高职学前教育专业学生学习的基础理论课教材，并形成了自己的特色。其一，学科知识系统化和单元化。本教材将学前心理学应包含的基础心理学理论知识和儿童心理学理论知识系统化，并以单元形式呈现，帮助学生对学科形成较完整的认知结构，解决了现有同类教材中存在的知识碎片化与内容不够完整的问题。其二,创新了教材结构与体系。本教材在结构与知识体系上进行了重大调整,教学内容以单元形式呈现,结构上由基础心理学、儿童心理学、专业技能实训、复习与考核组成,实现理论教学与实践、学生知识掌握与专业能力培养相结合的目标。其三,注重学生专业能力培养。为实现学前教育专业人才培养方案,本教材规划了“幼儿心理发展特征的观察与分析”单元,重点对学生进行将理论知识应用于实践的认识和分析问题能力的培养。其四,对接学生专业技能大赛。在实践教学部分,本教材规划了对于幼儿园观摩及幼儿园教学、游戏、生活等活动视频的分析和幼儿教育案例的讨论分析,对接了省级和院级学生专业技能大赛相关赛项的内容。

本教材由王桂芳主持编写,并负责了第一单元课题一、课题三,第二单元课题四内容的编写;第一单元课题二由程福编写;第二单元课题五由吴叶君编写;第二单元课题六由刘宁编写;第三单元、第四单元由王苗苗编写。田再法担任副主编并负责全书的审核工作。教材编写过程中引用和参考了多位专家和学者的著作、文章等,在此表示衷心感谢!

由于编者专业水平和能力有限,教材中存在多种不足之处,请读者批评指正,在此诚恳致谢!

王桂芳

2021 年 3 月

目　录

第一单元　心理学基础知识

课题一　心理学概述

课题概要：

本课题阐述了心理学的概念、发展历程、学科性质和构成体系、研究对象和方法，对心理学学科全貌进行了简要介绍，旨在让学生通过学习能对心理学学科形成基本认识。

学习目标：

1. 理解并掌握心理学的概念和研究对象；
2. 了解心理学的学科性质和发展历程，熟悉心理学的基本研究方法；
3. 形成对心理学的初步认识，产生对心理学的学习兴趣。

现象分析：

1. 爱屋及乌；
2. "老吾老以及人之老，幼吾幼以及人之幼。"(《孟子·梁惠王上》)

任务一　心理学及其发展

一、心理学的定义

(一)什么是心理学

心理学是研究心理现象的发生、发展过程，并揭示心理活动规律的一门科学。

心理学对心理现象的研究涉及认知、情绪情感、意志、人格、行为等多个层面，也关注到人类日常生活的多个方面，如健康、家庭、人际关系等。心理学尝试用大脑神经系统的活动来解释心理的机能，也尝试解释人的心理机能在社会行为与社会活动中的作用；同时也探索心理学与神经科学、医学、生物学等科学的相互关联，因为这些科学所探讨的生理作用会影响个人的心智。

现代科学心理学不仅对心理现象进行了研究和探索，更重要的是对心理现象进行了阐述和说明，揭示其发生发展的规律，建立日趋完善的学科理论体系，方便了人们更深入、全面、准确地认识人类和认识自我，也为多个领域的社会实践提供了理论基础和方法。心理学在影响人的行为、提高人的生命和生活质量、促进社会发展等方面发挥着重要作用。

（二）什么是心理现象

对于心理现象，人们是感到既熟悉又很陌生的。因为在个人身上，时时都有心理现象发生，只要在清醒的状态下人都能感觉到。但心理现象是为何发生、怎样发生的，普通人则知之甚少。故而，“它是宇宙间最复杂的现象之一，也是人从有史以来就企图认识的重大问题之一”（曹日昌）。

现代心理学研究表明，心理现象是脑的机能，是脑对客观现实的主观反映。心理现象也称心理活动，简称心理，是心理学研究的主要对象。

二、心理学发展简介

（一）心理学的诞生

心理学一词来源于希腊文，意思是关于灵魂的科学。灵魂在希腊文中也有气体或呼吸的意思，因为古代人们认为生命依赖于呼吸，若呼吸停止，生命就完结了。人类很早就开始关心自身的心理，但对心理进行专门研究则是近代史上的事。德国心理学家艾宾浩斯评论说：“心理学有一个漫长的过去，但只有短暂的历史。”可见，心理学是一门年轻的科学。

在人类社会发展历程中，很长的时期里，心理学、教育学等许多学科都属于哲学的范畴，随着人类对自然和社会各个领域研究的不断深入和分化，这些学科才各自从哲学中分离出来，成为专门的科学。1874 年，德国著名心理学家冯特的著作《生理心理学原理》一书出版，被称为是“心理学的独立宣言书”；1879 年，冯特在德国莱比锡大学创建了世界上第一个心理学实验室，开始对心理现象进行系统的实验研究，在心理学史上，人们把这一事件看作是心理学脱离哲学的怀抱、走上独立发展道路的标志，冯特本人也被誉为“心理学之父”。此后，心理学进入了科学研究的大发展时期。

（二）现代心理学的发展

19 世纪末到 20 世纪中期，心理学进入大发展时期。由于自然科学的发展，特别是与心理学关系密切的生理学日益成熟、脑科学研究成果日益丰富，心理学研究有了更为广泛的科学基础。以德国、美国为代表的西方心理学研究如火如荼，在数十年时间里形成了众多不同的理论流派，人们就心理学的研究对象、理论体系、心理的发生与实质等多方面进行了不同的探索和阐述，产生了不同的理论观点，形成了“百家争鸣”的局面。到 20 世纪 50 年代，人们基本达成共识，心理学不断走向繁荣。

(三)现代心理学科学体系的完善和确立

一方面，20 世纪 60 年代到 21 世纪初，由于与心理学关系密切的生理学、脑科学研究等的成熟，心理学基础理论研究不断深入，理论体系日渐完善；另一方面，人们运用心理学的研究成果来探索和阐述社会广泛领域的现象和问题，使得心理学的研究领域不断拓展，学科不断分化，衍生出了众多的心理学分支学科，发展形成了一个庞大的科学体系。在高速发展的今天，心理学的社会地位越来越重要，影响领域也越来越广泛，可以说，现代人已经离不开心理学了。

三、心理学的学科性质

心理学是从哲学中分离出来的学科，它研究自然个体，主要是人的心理发生、发展的过程及生理机制，也研究人作为社会个体在群体和环境中受到的影响、行为表现，所以它的学科性质属于边缘科学或交叉科学。

在当今社会，心理学不仅作为基础理论科学受到重视，还被广泛应用于社会生活的各个领域，其研究以人的心理现象为主，也涉及精神功能和行为科学。心理学家们通过基础心理理论研究来描述、解释、预测心理现象，并研究运用心理理论和方法如何影响人类的行为、提高人类生活的质量。所以现代心理学既是理论科学，又是应用科学，其学科知识体系也被分化为基础心理学和应用心理学。

四、现代心理学的科学体系

20 世纪中期以后，在普通心理学研究不断深入和完善、心理学在人类社会多个领域被应用和发展的过程中形成了现代心理学的体系。它包含了基础心理学和应用心理学两大领域。

基础心理学也称普通心理学，其研究并阐明常态下人的心理现象发生、发展和变化规律，具体研究内容包括心理实质与结构、心理学的体系和方法论、心理实验设计、心理测量、各种具体的研究方法。

应用心理学是运用基础心理学的理论与方法，研究和解决社会各个不同领域的问题、现象而产生并发展起来的新的科学领域。应用心理学的领域有发展心理学(动物心理学、儿童心理学、青年心理学、成人心理学、老龄心理学)、教育心理学、社会心理学、医学心理学、军事心理学、商业心理学、管理心理学、犯罪心理学、网络心理学等。其中儿童心理学又可分为学前儿童心理学、小学儿童心理学、中学生心理学。心理学科学体系如图 1-1 所示。

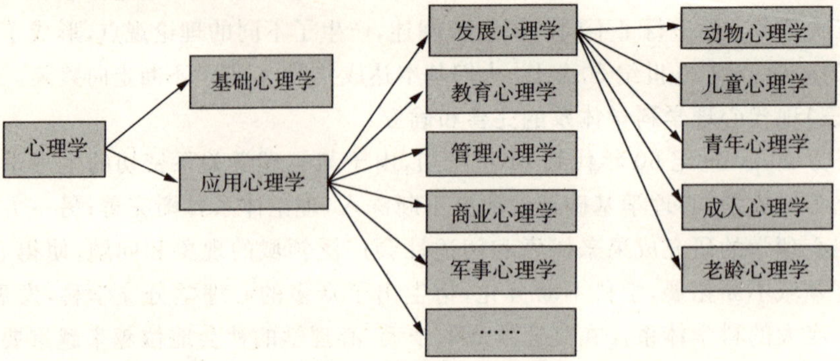

图 1-1　心理学科学体系

任务二　心理学的研究对象

心理学研究的是心理现象发生、发展及其变化规律。人和动物都会产生心理，所以心理学研究的对象既包含人类的心理，也有动物的心理，但主要研究人的心理。

心理学对人的心理研究主要涵盖了个体心理、个体心理与行为的关系、社会心理范畴；对动物的心理研究包含低等动物心理和高级动物心理。

下面简要介绍心理学对人的心理研究，即人类心理学的具体范畴。

一、个体心理的研究

(一)什么是个体心理

个体心理是指个别主体即具体的个人身上发生和表现出来的心理，心理学研究的基本范畴是个体心理。

(二)个体心理的构成内容

传统心理学理论将人的心理现象分为心理过程和个性心理。心理过程是心理现象的动态表现形式，包括了认知过程、情感过程、意志过程；个性心理是个体经常表现出来的较为稳定的心理特征的总称，如有的人观察力敏锐而精确，有的人思维灵活，有的人性情急躁，有的人沉稳而坚定，有的人开朗而大方等。个性心理具体表现为个性心理特征、个性倾向性、个性调控三个方面。

现代心理学研究成果表明，心理现象还应包含心理状态。心理状态是在一定时间内相对稳定的心理活动，如认知时的精神集中或注意涣散状态、情绪活动时的激情状态、意志活动时的信心满满等。

人的心理活动都有一个发生、发展、消散的过程。人们在活动的时候，通常通过各种感官获得外部世界事物的信息，通过大脑的活动确定事物的因果关系，并伴随着喜、怒、哀、乐等情绪情感体验，且表现出心理活动速度的快慢、主动或被动、消极或积极等个人特征。这一过程折射着一系列心理现象发生时，不同方面的心理活动是互相交织、互相影响的，也表明心理现象在个体身上总是以整体面貌出现的。

心理学通过对个体心理现象进行的长期、系统、深入的研究，明确了心理现象发生的机制，揭示了心理现象发展和变化的规律，阐明了心理现象构成的基本内容，为人们的认识和自我认识、人类社会的发展做出了特有的贡献。

二、个体心理与行为关系的研究

个体的心理是发生在个人身上的，是一种较为“内隐”的活动，其他人不能直接把握或看到，但人的外在行为往往会表现出个人的内心活动，即心理现象会通过行为反映出来，说明人的行为与心理存在着密切关系。因此，心理学家们可以通过对人的行为进行观察、记录、分析、归纳、总结或开展实验、进行测量等，形成对个体心理特征的认识。

行为是个体在一定社会条件下对所处环境的反应系统，主要包括了言语、体态语（身体姿态、面部表情等）、基本动作（走、跑、跳等）、序列性动作（操作动作、完成劳动任务的系列动作）及有机体状态变化等。行为是外在的、可以被直接感知的。

心理学研究表明，行为的发生由心理支配，外界刺激作用于个体的感官引发心理反应，在相应心理状态下引起行为反应。所以，通过观察和分析人的外部行为，可以了解人的心理状态；也只有真正理解了人的心理，才能准确理解人的外部行为。

个体心理与个体行为的关系是相互对应和相互影响的，个体心理现象引发并决定了个体行为反应，而个体行为反映了一定的个体心理状态。

三、社会心理与行为关系的研究

（一）社会行为

社会行为是一种人类共性行为，是由社会刺激引发的行为反应。

人既是自然的，也是社会的。作为社会成员，人具有群居特性，个人总是生活和活动于一定的组织和团体之中，如家庭、学校、单位、国家、党团组织等。在群体中，人与人之间的种种行为，或者说，两人以上的交互与共同行为，都是社会行为。社会行为具体可分为三类：第一类是人与人之间的相互动作而产生的交互行为，如握手、拥抱等；第二类是人与人结合在一起而共同做出的集体行为，如鼓掌、喊口号等；第三类是以整体为行动单位而表现出来的团体行为，如在班级上课等。

人类的社会行为基本上都是有目的的行为。在外界环境的刺激下，个体产生了特定的需求，受需求驱动，出现了追求一定目标的行为。人们的行为不是孤立的，追求目标的行为要受社会条件（即社会规范、社会舆论、社会道德和社会风俗习惯）的影响和制约。在个体交互作用、共同生活和活动中，人与人之间产生着不以人的意志为转移的社会关系，人们处于一定的社会关系之中，必须从一定的社会关系出发进行社会行为。因此，个体行为是一定社会规范和准则的反映，有着明显的社会性。

（二）社会心理现象

社会心理现象是人类心理现象的特有表现形式，但有别于一般的个体心理现象，是指在一定社会情境下，人们在社会交往、共同生活和活动中产生并发展形成的具有典型性的组织行为模式与观念。在人类社会中，较为普遍存在的社会心理是多种多样的，并深刻影响着人的社会行为，如首因效应、晕轮效应、旁观者效应（责任分散效应）、从众心理、刻板印象（社会定型）、霍桑效应等，这些都是心理学从对人类社会行为的研究中概括总结出来的。

心理学通过研究社会心理现象和团体心理现象，揭示群体中个体心理与行为的因果关系，为改善组织关系、规范社会行为提供了方法和依据。

知识卡片

霍桑效应（Hawthorne Effect）

霍桑是美国西部电气公司坐落在芝加哥的一间工厂的名称。霍桑效应（Hawthorne Effect）或称霍索恩效应，起源于 1924 年至 1933 年的一系列实验研究，旨在测定工作条件、社会因素等对生产效率的影响程度。实验最开始研究的是工作条件与生产效率之间的关系，包括外部环境影响条件（如照明强度、湿度）以及心理影响因素（如休息间隔、团队压力、工作时间、管理者的领导力）。从 1927 年开始，乔治·埃尔顿·梅奥（George Elton Mayo）教授持续多年对霍桑实验结果进行研究、分析，发现生产效率的提高主要是人际关系等社会因素改变的结果。

美国芝加哥郊外的霍桑工厂，具有较完善的娱乐设施、医疗制度和养老金制度等，但员工们仍愤愤不平，生产状况也很不理想。为探求原因，1924 年 11 月，美国国家研究委员会组织了一个由心理学家等各方面专家参加的研究小组，在该工厂开展了一系列的试验研究，中心课题是生产效率与工作物质条件之间的关系。这一系列试验研究中有一个“谈话试验”，即在两年多的时间内，专家们找工人进行个别谈话两万余人次，并规定在谈话过程中耐心倾听工人们对厂方的各种意见和不满，并做详细记录，对工人提出的不满意见不准反驳和训斥，让他们尽情地把情绪宣泄出来，结果霍桑厂的工作效率大大提高。这种人们由于受到额外的关注而引起自身绩效上升的情况，我们称之为“霍桑效应”。也就是所谓的“宣泄效应”。

任务三　心理学的研究方法

心理学的研究方法主要有观察法、实验法、调查法、测验法、个案研究法等。

一、观察法(observational method)

观察法是观察者在自然情境或预先设置的情境中，系统地观察、记录并分析人的行为，以期获得其心理活动产生和发展规律的方法。运用观察法时，观察者和被观察者之间的关系有两种：①参与观察者：观察者是被观察者活动中的一个成员。②非参与观察者：观察者不参与被观察者的活动。无论采取哪种方式，原则上是不使被观察者发现自己的活动被他人观察，否则就会影响他们的行为表现。观察法是直接了解被观察者的行为，因而能收集到第一手资料。这些收集到的资料必须具有准确性和代表性，因此如何避免观察者的主观臆测与偏颇是使用观察法的关键。观察应该是有目的、有计划地观察和记录人在活动中表现的心理特点，以利于科学地解释行为产生的原因。

观察法的优点是可以保持被观察对象的自然流露和客观性，获得的资料比较真实。观察法的缺点是观察者处于被动地位，只能消极等待被观察者的某些行为表现，进程较为缓慢。

二、实验法(experimental method)

实验法在科学研究中的应用最广泛，也是心理学研究的主要方法。实验法是指人为地、有目的地控制和改变某些条件，使被试产生所要研究的某种心理现象，然后进行分析研究，以得出心理现象发生的原因或起作用的规律性的结果。在进行实验研究时，必须考虑三项变量：①自变量：实验者安排的刺激情境或实验情境。②因变量：实验者预定要观察、记录的变量，是实验者要研究的真正对象。③控制变量：实验变量之外的其他可能影响实验结果的变量。实验法的主要目的是，在控制的情境下探究自变量和因变量之间的内在关系。

实验法有两种，即自然实验法和实验室实验法。自然实验法是指在日常生活情况下，适当地控制某些条件、变更某些条件，结合经常性的业务工作进行心理研究的一种方法。如研究如何分配复习时间对于记忆有利，可以选定在数量上和程度上都相等的两个组用同样的材料来进行，一个班用集中复习的方式进行复习，一个班用分散复习的方式进行复习，经过一定的时间来比较两个班记忆成绩的差异。自然实验法是在被试的生活和工作环境中进行的，因此它具有实验法和观察法的优点，既可主动地创造条件，又是在比较自然的状态下进行的。特别是把它与经常性的业务结合起来，所获得的结果更符合实际。这种方法在教育领域里被普遍地采用，形成了一种“心理-教育实验”，这是自然实验法在教育领域中的具体应用。实验室实验法是在人为的情况下，严格控制外界条件而进行的一种心理研究的方法。实验室实验是在有实验设备的实验室中进行的，通过一定的条件而引起被试某种心理现象的出现。

实验法有很大的主动性和可重复性，但实验的结果受被试的主观状态的影响很大。

三、调查法(survey method)

调查法是就某一个问题要求被调查者回答其想法或做法，以此来分析、推测群体心理倾向的研究方法。实施时虽然是以个人为对象，但其目的是借助许多个人的反应来分析和推测社会群体的整体心理趋向。

调查法又分为问卷法和访谈法。问卷法是通过由一系列问题构成的调查表来收集资料，以测量人的行为和态度的心理学基本研究方法之一。问卷是研究者按照一定目的编制的，对于被调查者的回答，研究者可以不提供任何答案，也可以提供备选的答案，还可以对答案的选择规定某种要求。研究者根据被调查者对问题的回答进行统计分析，得出某种心理学的结论。问卷法已广泛应用于青年研究、教育心理学研究和社会调查等领域。访谈法是一种重要的收集信息方法。“访谈”就是研究者“寻访”“访问”被研究者并且与其进行“交谈”和“询问”的一种活动。“访谈”是一种研究性交谈，是研究者通过口头谈话的方式从被研究者那里收集(或者说“建构”)第一手资料的一种研究方法。

四、测验法(metric method)

测验法是用标准化量表对个体心理特征进行测量和量化研究的方法，通常用来确定被试的某些心理品质的存在水平。心理测量(psychometrics)要依据一定的心理学理论，使用一定的操作程序，给人的能力、人格及心理健康等心理特性和行为确定出一种数量化的价值。通过科学、客观、标准的测量手段对人的特定素质进行测量、分析、评价。这里所谓的素质，是指那些完成特定工作或活动所需要的或与之相关的感知、技能、能力、气质、性格、兴趣、动机等个人特征，它们是人们以一定的质量和速度完成工作或活动的必要基础。

测验法是量化研究个体心理特征和行为表现的主要工具，应用范围很广。

五、个案研究法(case study method)

个案研究法亦称个案历史法，是追踪研究某一个个体或团体的行为的一种方法。它的过程包括对一个或几个个案材料的收集、记录，并写出个案报告。在现场收集数据的调查叫“实地调查”，它通常采用观察，面谈，收集文件证据，描述统计，开展测验，发放问卷，收集图片、影片或录像资料等方法。

在大多数情况下，尽管个案研究以某个或某几个个体作为研究对象，但这并不影响其将研究结果推广到一般情况，也不影响其在个案之间做比较后在实际中加以应用。对个案研究结果的推广和应用属于判断范畴，而非分析范畴，个案研究的任务就是为这种判断提供经过整理的经验报告，并为判断提供依据。在这一点上，个案研究有点像历史研究，它在做判断时常需描述或引证个案的情况。因此个案研究法亦称“个案历史法”。

上述五种心理学的研究方法各有独特的优点，但同时也都存有一定的局限性。由于人的心理状态千变万化，心理活动非常复杂，因此，研究人的心理现象不能仅凭某一种方法，应根据研究的实际需要，选用多种方法，使之互相补充。

拓展阅读

学习心理学的作用

一、认识自我和他人

学习心理学，可以加深人们对自身的了解。通过学习心理学，可以知道自己为什么会做出某些行为，这些行为背后究竟隐藏着什么样的心理活动；了解自己现在的个性特征、行为习惯又是如何形成的，等等。例如，学习了遗忘规律，你就可以知道自己以往记忆知识的方法存在哪些不足；懂得了感觉的适应性，就可以解释为什么会出现“入芝兰之室，久而不闻其香”的现象了。

同样，你也可以把自己学到的心理活动知识运用到人际交往中。通过观察和分析他人的行为推断其内在的心理活动，从而对他人有更准确的认知，有效调节人际关系。例如，作为教师，如果你了解了学生的知识基础和认知水平，以及吸引学生注意力的条件，你就可以利用学生的特点有针对性地组织教学活动，从而收到更好的教学效果。

二、调整和控制行为

心理学除了有助于对心理现象和行为做出描述性解释外，它还向我们说明了心理活动产生和发展变化的规律。人的心理特征具有相对的稳定性，但同时也具有一定的可塑性。因此，我们可以在一定范围内对自身和他人的行为进行预测和调整，也可以通过改变内在和外在的因素实现对行为的调控。也就是说，我们可以尽量消除不利因素，创设有利情境，引发自己和他人的积极行为。例如，当我们发现自己存在一些不良的心理品质和习惯时，就可以运用心理活动规律，找到诱发这些行为的内外因素，积极地创造条件改变这些因素的影响，实现对自身行为的改造。在现实教育活动中，奖励和惩罚就是利用条件反射的原理，在培养儿童的良好习惯和改造儿童的不良行为与习惯方面发挥着重要的作用.

三、应用于实际工作

心理学分为理论研究与应用研究两大部分，理论心理学的知识大部分是以间接方式指导着我们的各项工作的，而应用研究的各个分支学科知识在实际工作中则可以直接起作用。教师可以利用教育心理学的规律来改进自己的教学实践，或者利用心理测量学的知识设计更合理的考试试卷等；商场的工作人员可以利用消费和广告心理学的知识重新设计橱窗、陈设商品，以吸引更多的顾客，如现在街上流行的“打折风”就是一个应用实例；再如经理利用组织与管理心理学的知识激励员工、鼓舞士气；等等。

四、心理健康保健

迄今为止，大多数人都还没有把心理知识与自己的健康联系在一起。因为传统的健康观是人们无残疾、不生病即是健康的。然而世界卫生组织给健康下的定义却是：“不仅仅是没有病和不虚弱，而且是身体上、精神上的完满状态，以及良好的社会适应能力和道德健康。”在这个定义中，健康的四个方面中有三个都是关于心理的，心理对于健康的重要性被摆到了突出的位置。的确如此，在当代社会，激烈的竞争和沉重的生存压力使心理问题日益成为阻碍人们健康的重要问题。有关部门的数据显示，我国健康人的比例为总人口的15%，非健康人为15%，而70%的人都处于亚健康的状态。另据媒体报道，我国知识分子的平均寿命只有53岁，比全国平均寿命低17岁，中年知识分子死亡率比老年人高两倍。来自原卫生部的资料统计，我国还是世界上自杀率较高的国家之一，每年有约28万人死于自杀，另有200万人自杀未遂，平均每两分钟有1人死于自杀，8人自杀未遂。自杀已成为我国人群第5大死因、15～34岁人群首位死因。与此相对照，目前心理健康保健还没有成为促进我国国民健康的一种途径。

在我国，心理知识的普及率远远低于人们的实际需要；心理咨询业发展缓慢，多数人的心理疾障不能得到及时的诊断和治疗；心理医生和心理咨询师的人数在总人口中的比重不到万分之一，大多数学校都没有专职的心理教师；国内95%以上的抑郁症病人都没有得到过诊断和治疗，而患抑郁症的人群却呈蔓延之势。可以说，心理健康保健的需要是如此急迫，然而人们对心理指导的认识却还远远不够。

本课题知识点小结：

1. 心理学：心理学是研究心理现象的发生、发展过程，并揭示心理规律的一门科学。

2. 心理学创立：1879年，冯特在德国莱比锡大学创建了世界上第一个心理学实验室，开始对心理现象进行系统的实验研究，冯特本人也被誉为“心理学之父”。

3. 心理学的研究对象：人类的心理和动物的心理。对人的心理研究主要涵盖了个体心理、个体心理与行为关系、社会心理范畴；对动物的心理研究包含低等动物心理和高级动物心理。心理学主要研究人的心理现象。

4. 心理学的研究方法：观察法、实验法、调查法、测验法、个案研究法。

课外学习

一、复习与练习

(一)复习

阅读教材中本课题的内容，巩固并掌握主要知识点。

(二)思考与练习题

1. 什么是心理学？

2. 心理学是如何发展并形成完善的学科体系的？

3. 心理学的研究对象是什么？

4. 心理学有哪些研究方法？简述观察法的内容。

二、案例分析

某天，几个学生向心理学家弗洛姆请教：心态对一个人会产生什么样的影响？

他微微一笑，什么也不说，只是把学生带到一间黑暗的房子里。在他的引导下，学生们很快就穿过了伸手不见五指的神秘房间。接着，弗洛姆打开房间里的一盏灯，在这昏黄如烛的灯光下，学生们才看清楚房间的布置，不禁吓出了一身冷汗。原来，这间房子的地面是一个很深很大的水池，池子里蠕动着各种毒蛇，其中有一条大蟒蛇和三条眼镜蛇，有几条毒蛇正高高地昂着头，朝他们“滋滋”地吐着信子。而在蛇池的上方，搭着一座很窄的木桥，他们刚才就是从这座木桥上走过来的。

弗洛姆看着他们，问：“现在，你们还愿意再次走过这座桥吗？”大家你看看我，我看看你，都不作声。过了片刻，终于有三个学生犹犹豫豫地站了出来。其中一个学生异常小心地挪动着双脚，速度比第一次慢了很多；另一个学生战战兢兢地踩在小木桥上，身子不由自主地颤抖着，才走到一半，就挺不住了；第三个学生干脆弯下身来，慢慢地趴在小桥上爬了过去。

“啪”，弗洛姆又打开了房内另外几盏灯，强烈的灯光一下子把整个房间照得如同白昼。学生们揉揉眼睛再仔细看，才发现在小木桥的下方装着一道安全网，只是因为网线的颜色极暗淡，他们刚才都没有看出来。弗洛姆大声地问："现在你们当中还有谁愿意通过这座小桥?"

学生们没有作声，"你们为什么不愿意呢?"弗洛姆问道。"这张安全网的质量可靠吗?"学生心有余悸地反问。弗洛姆笑了："我可以解答你们的疑问了，这座桥本来不难走，可是桥下的毒蛇对你们构成了心理威慑，于是，你们就失去了平静的心态，乱了方寸，慌了手脚，表现出各种程度的胆怯——心态对行为当然是有影响的啊。"

请分析在这个实验的三个不同过程中学生们的心态，说说你得到的启示。

三、课外阅读建议

（一）图书馆借阅

学生每人在图书馆借阅 1～2 本心理学书籍或相关刊物，增加对心理学的了解，拓宽知识面。

（二）互联网学习

1. 利用搜索工具从互联网获得相关课程或自己感兴趣的心理学知识进行学习和讨论，增加对心理学的了解，拓宽知识面。

2. 学习本课题职教云课程资源。

四、实践活动

选择一位熟悉的人，观察并记录其行为表现，尝试分析其主要的心理特征，做出观察小结。

课题二 心理结构认知

课题概要：

本课题对心理的实质及构成内容进行了较为系统的描述，展现了心理现象的整体面貌，帮助学生构建对人类心理完整和科学的认识。

学习目标：

1. 掌握心理的概念及心理过程和个性心理的构成内容，形成对心理现象的整体性认识；

2. 初步形成对心理结构的分析认识能力；

3. 审视自我，关注自我心理健康和良好心理品质的建设。

现象分析：

1. 舌尖现象

考场里，很简单、平时很熟悉的字、单词或公式等一时就是无法记起，考试过后却突然回忆起来，有时话到嘴边就是想不起来要说什么，心理学上称这种特殊现象为记忆的“舌尖现象”。

2. 皮格马利翁效应

心理学家罗森塔尔于20世纪60年代末期通过实验研究发现：如果教师认为某些孩子聪明，对他们怀有积极期望，认定他们以后智力会发展很快，那么若干个月后，这些孩子的智力果真得到了较快、较好的发展；而那些没有得到教师这种积极期望的孩子，智力的发展并不明显。在此之前，这些孩子几乎是在完全相同的教育环境中成长的，并没有什么差别。由此可以推断出孩子智力发展的差异只能由教师期望的不同来解释。罗森塔尔借皮格马利翁神话，称这种现象为“皮格马利翁效应”。

任务一 心理实质与心理构成

一、正确理解心理的实质

心理是人人都熟悉的，因为它时时都发生在个体身上，每个人都会从多个不同角度关注自己或别人的心理，如记得自己做的梦、在解决了难题时产生成功和自豪的愉悦情感、对别人的悲伤产生共情，等等，但要是问“什么是心理”？可能很多人都难以准确或合理地说明。

揭示心理的实质是心理学要解决的一个根本问题。由于心理学是从哲学中分离出来的一门独立的科学，心理学对许多重大问题的回答都受哲学思想的影响。故而对心理实质的揭示往往会打上哲学思想的印迹，种种哲学思想流派对心理的实质做出了不同的解答。如唯心主义者把心理看作是没有形体、超自然、超社会的东西，诸如“灵魂”“宇宙精神”等等；我国古代的荀子说“形具而神生，好恶喜怒哀乐臧（藏）焉”；戴震说“味与声色，在物不在我，接于我之血气，能辨之而悦之”。

对人的心理实质做出唯一正确阐释的是辩证唯物主义。恩格斯在《路德维希·费尔巴哈与德国古典哲学的终结》中写道：“我们的意识和思维，不论它看起来是多么超感觉的，总是物质的、肉体的器官即人脑的产物。”辩证唯物主义认为：意识是物质高度发展的产物，是高度组织起来的物质——人脑的反映特征；心理是脑的机能，脑是心理的器官，心理是人脑对客观现实的主观反映。根据辩证唯物主义的观点，对心理实质可以从三个方面进行理解。其一，心理现象是脑对客观现实的反映，即所有心理活动的内容都来源于客观世界。恩格斯说：“甚至吃喝也是由于通过头脑感觉到饥渴而开始，并且同样由于通过头脑感觉到饱足而停止。”其二，心理是外界事物在脑中的主观能动的反映，由于个体生活环境和成长过程的独特性，心理总带有个人的特殊性和主观性。其三，心理是客观与主观的统一，心理现象的发生、变化，会影响到身体机能，并引发机体反应，如人在恐惧时会出现肌肉紧张、呼吸和心跳节奏改变、颤抖等机体反应，可见，心理和身体是相互联系的。

所以，依据现代辩证唯物主义心理学、生理学、脑科学的研究，心理的实质是：心理产生于脑的生物活动，其反映的对象是客观现实，心理是脑对客观现实的主观映象。即心理是脑的机能，任何心理活动都产生于脑，是脑的高级机能的表现。所以，心理是脑的机能，是脑对客观现实的能动反映。人脑对客观现实的反映，是通过人与客观事物的相互作用实现的，由于客观现实的丰富多样性、人脑活动的个体性，个体心理活动呈现的世界是美妙而斑斓、复杂而多样的。

二、心理的构成成分

心理学研究表明，心理特别是人的心理，是一个庞大而复杂的系统，根据心理活动的形式，心理学家将心理现象总结划分为两大部分：心理过程和个性心理。

（一）心理过程

心理过程指一个人心理现象的动态活动过程，包括认识过程、情感过程和意志过程，反映的是正常个体心理现象共同性的一面。

1. 认识过程

认识过程即认知过程，是个体在实践活动中对认知信息的接受、编码、贮存、提取和应用的心理过程。它主要表现为注意、感觉、知觉、记忆、想象、思维等活动。

2. 情感过程

情感过程是个体在实践活动中对客观现实是否符合自己的需要而产生的态度体验，包含了情绪和情感体验。

3. 意志过程

意志过程是个体自觉地确定目标，并根据目的调节支配自身的行动，克服困难，以实现预定目标的心理过程。

以上三个方面不是孤立的，而是相互联系、相互作用的，构成了个体有机统一的心理活动体系。

(二)个性心理

个性心理是指个体在一定社会生活实践中和教育条件下发展形成的相对稳定的心理特征的总和。个性心理简称个性，包括个性倾向、个性特征和个性调控等方面，反映的是人心理现象的个别性的一面。

1. 个性倾向

个性倾向是推动人进行活动的动力系统。它反映了人对周围世界的趋向和追求，主要包括需要、动机、兴趣、理想、信念、价值观和世界观等。

2. 个性特征

个性特征是个人身上经常表现出来的本质的、稳定的心理特征和行为方式。它主要包括气质、性格和能力。

3. 个性调控

个性调控是个人对自己心理和行为的控制和调节。它是以自我意识为核心的。自我意识是个人发展到一定阶段出现的，个人对自己的心理和行为(包括个性倾向和个性特征)进行认识、评价、控制、调节，从而形成一个统一的个性心理结构系统。

心理过程和个性心理虽然是不同的构成部分，但它们是紧密联系在一起的：一方面，每一个个体的每一种心理过程都带有个人的独特性(即个别差异性)；另一方面，每一个人的个性又都在心理过程之中表现出来，如认识过程中，有的人表现为记忆力超群，有的人表现为观察细致，有的人表现为思维敏锐，等等。既没有不带个性的心理过程，也没有不在心理过程之中表现出来的个性，如同做事认真的人，有的人表现为事事较真，有的人是大事认真，小事不计较。

心理过程和个性心理二者是相互渗透、融为一体的，在个体身上它们总是以整体面貌表现出来。心理学为了研究的方便，才人为地将它们区分开来加以认识。

任务二　心理过程认知

一、认识过程

(一)注意

1. 注意的定义

注意是心理活动对一定对象的指向和集中,是伴随着其他心理过程出现的一种特殊的心理活动。

指向性和集中性是注意的两个基本特征。注意的指向性是指心理活动有选择地反映一定的对象。注意的集中性是指心理活动停留在被选择的对象上的强度或紧张度,它使心理活动离开了一切无关的事物。注意的指向性和集中性表明注意具有方向和强度的特征。

2. 注意的意义和功能

注意对人类的生活具有十分重要的意义,它对心理活动起着积极的维持和组织的作用,使人能够及时地集中自己的心理活动,清晰地反映客观事物,更好地适应环境,并改造世界。

注意是一种复杂的心理活动,具有一系列的功能。

(1)选择功能。注意的基本功能是对信息进行选择,使心理活动选择有意义的、符合需要的和与当前活动任务相一致的各种刺激,避开其他无意义的、附加的、干扰当前活动的各种刺激。即注意将有关信息线索区分出来,使心理活动具有一定的指向性。许多心理学家把注意看作认识选择性的高度表现。

(2)保持功能。外界大量信息输入后,各种信息单元必须经过注意才能得到保持,如果不加注意,就会很快消失。因此,需要注意将对象的映象或内容保持在意识之中,一直到任务完成,达到目的为止。

(3)调节和监督功能。有意注意可以控制活动向着一定的目标和方向进行,使注意适当分配和适时转移。工作和学习中的错误和事故一般都是在注意分散或注意没有及时转移的情况下发生的。苏联心理学家加里培林把注意称为“智力监督动作”。

3. 注意的种类

美国心理学家詹姆斯(W. James)曾把注意划分为随意注意和不随意注意两种类型。苏联心理学家多勃雷宁提出,除随意注意和不随意注意外,还有一种是随意后注意。

目前一般根据产生和保持注意时有无目的以及意志努力程度的不同,把注意分为无意注意(不随意注意)、有意注意(随意注意)和有意后注意(随意后注意)三种。

(1)无意注意

无意注意是指没有预定的目的,也不需要做意志努力的注意。例如,学生正安安静静地上课,突然一声响,一个同学的玻璃水杯掉地上打碎了,这时我们就会不自觉地去看他,这就是无意注意。这种注意的产生和维持,不依靠意志努力,而是人们自然而然地对那些强烈的、新颖的和感兴趣的事物所表现的心理活动的指向和集中。

(2)有意注意

有意注意是指有预定的目的,在必要时需要一定的意志努力的注意。在心理学文献中有时把有意注意称为积极注意或意志注意,因为有意注意需要个人的积极性和意志努力。

有意注意是在人类社会实践中发生和发展起来的。劳动本身是一种复杂和持久的工作,其中总有一些使人不感兴趣而又非做不可的事,必然会有困难和单调因素,这就要求人们把自己的注意有意识地集中并保持在工作任务上,有意注意能力就是在这种实践活动中发展起来的。有意注意是人们实践活动的必要条件。

(3)有意后注意

有意后注意又称随意后注意,是指事前有预定的目的,不需要意志努力的注意。有意后注意是注意的一种特殊形式。它一方面类似于有意注意,因为它和自觉的目的、任务相联系着;另一方面又类似于无意注意,因为它不需要人的意志努力。例如,初学文言文,你可能对此不感兴趣,只是为了完成任务,这时候是有意注意。此后,随着你对基础知识的掌握,对文言文产生兴趣,凭兴趣可自然地将注意力集中到学习上,这时的注意就是有意后注意。

4. 注意的品质

(1)注意的稳定性。注意的稳定性是指注意同一个对象,或同一个活动所能持续的时间。

(2)注意的广度。注意的广度也叫注意的范围,是指在同一时间内能清楚地把握对象的数量。

(3)注意的分配。注意的分配是指在同一时间内把注意指向不同的对象。

(4)注意的转移。转移的转移是根据新的任务,主动地把注意从一个对象转移到另一个对象,或由一种活动转移到另一种活动的现象。

相关链接:

1. 美国心理学家詹姆斯(W. James)在《心理学原理》一书中指出:“注意是心理以清晰而生动的形式对若干种似乎同时可能的对象或连续不断的思维中的一种

占有。它的本质是意识的聚焦、集中。它意指离开某些事物以便有效地处理其他事物。"由于心理活动对一定的对象的指向和集中，注意的对象就能够得到清晰、深刻和完整的反映。例如，学生在听课时，心理活动不指向教室里的一切事物，而是把教师的讲述从许多的事物中挑选出来，并且比较长久地把心理活动保持在教师的讲述上。

2. 儿童的有意注意的发展大体经过三个阶段：

第一阶段，随意注意是通过成人的言语指令而引起的；

第二阶段，通过自己扩展了的外部言语，调节控制行为；

第三阶段，通过内部的言语指令来调节和控制自己的行为。

(二)感觉

1. 什么是感觉

在心理学研究上，感觉占有相当重要的地位，它是意识对外部世界的直接反映，也是人脑与外部世界的直接联系，割断了这种联系，大脑就无法反映客观存在，意识也就无从产生。正如列宁所说的，"感觉是运动着的物质的映象。不通过感觉，我们就不能知道物质的任何形式，也不能知道运动的任何形式"。

感觉是人脑对直接作用于感觉器官的客观事物的个别属性的反映。例如，当菠萝作用于我们的感觉器官时，我们通过视觉可以反映它的颜色，通过味觉可以反映它的酸甜味，通过嗅觉可以反映它的清香气味，同时，通过触觉可以反映它粗糙的凸起。物体的这些个别属性通过感觉器官作用于人脑，在人脑中引起的心理活动就是感觉。

2. 感觉的种类

根据感觉的性质，我们通常把感觉分为两大类：外部感觉和内部感觉。

外部感觉是指接受外部刺激，反映外界事物个别属性的感觉。外部感觉包括视觉、听觉、味觉、嗅觉和肤觉。肤觉又可细分为温觉、冷觉、触觉和痛觉。

内部感觉是指接受机体本身的刺激，反映机体的位置、运动和内部器官不同状态的感觉，包括运动觉、平衡觉和机体觉。

3. 感觉的特点

(1)直接性。感觉反映的是当前直接接触到的客观事物，而不是过去的或间接的事物。由于感觉是对当前事物的反映，因此，记忆中再现的事物属性的映象、幻觉中各种类似于感觉的体验等都不是感觉。

(2)反映个别属性。感觉反映的是客观事物的个别属性，而不是事物的整体。通过感觉我们只能知道事物的声、形、色等个别属性，还不能把这些属性组织起来整体地反映客观事物，也还不知道事物的意义。对客观事物的整体反映以及对其意义的揭露是比感觉更高级的心理过程的机能，然而一切较高级、较复杂的心理现象都必须在感觉的基础上产生，感觉是人认识客观世界的开端。

(3)感觉是客观内容和主观形式的统一。从感觉的对象和内容来看，它是客观的，即反映着不依赖于人的意识而独立存在的客观事物。从感觉的形式和表面来看，它又是主观的，即在一定的主体身上形成、表现和存在着，人的任何感觉，都受到个性、经验、知识及身体状况等主体因素的影响。由此可见，感觉以客观事物为源泉，以主观解释为方式和结果，是主观、客观联系的重要渠道，是客观事物的主观映象。

4. 感觉的意义

感觉在我们的生活和工作中具有重要的意义：

(1)感觉提供了内部、外部环境的信息；

(2)感觉保证了机体与环境的信息平衡；

(3)感觉是一切较高级、较复杂心理现象的基础，是人的全部心理现象的开始环节。

相关链接：

19世纪中叶，德国心理学家缪勒(J. P. Muller)提出“神经特殊能量”说。他认为，每种感觉神经都具有特殊的能量，即各种感觉神经的性质互不相同，每种感觉神经只能产生一种感觉，而不能产生另外的感觉。例如，光、电、机械刺激作用于眼睛，都产生视觉；声波、电、机械作用于耳朵，都产生听觉。缪勒根据不同的刺激作用于不同感觉神经而产生不同的感觉这一事实得出结论：感觉的性质不决定于外界物体的性质，而决定于感觉神经的特殊能量，即人的任何一种感觉器官在接受任何刺激物作用时都会释放出一种该感觉器官所特有的能量，“我们感官认识的直接对象只是在神经内引起的而被神经自身或感觉中枢认为是感觉的特殊状态”。换句话说，人所直接感知的不是客观事物的属性，而是人的感觉神经自身的状态，客观事物是不可知的。这就否定了感觉是客观世界的映象，过分夸大了感觉对感觉器官的依赖性，把感觉同客观事物相分离。因此，缪勒根据生理学上的事实而得出的“神经特殊能量”学说的结论是不科学的。

(三)知觉

1. 什么是知觉

知觉是人脑对直接作用于感觉器官的客观事物的整体的反映。知觉是在感觉的基础上产生的，它是对感觉信息的整合反映。

人对客观事物的认识是从感觉开始的。环境中的事物包含着许多属性，如物体的形状、大小、颜色、声音、气味、温度等，以及人的骨骼肌肉和内脏器官活动的不同状态。在实际生活中,由于物体的个别属性并不是脱离具体事物而独立存在的,因此,人对客观事物的个别属性的反映是作为事物的一个方面而与整个事物同时被反映的。人在反映客观事物的过程中,不仅形成了关于属性和事物之间关系的经验,还形成了关于物体与物体之间关系的经验。当客观事物直接作用于人的感觉器官时,人不仅能够反映该事物的个别属性,还能够通过种种感觉器官的协同活动,在大脑中将事物的各种属性,按其相互之间的联系或者关系整合成事物的整体,从而形成该事物的完整映象。例如,通过视觉器官感到它具有圆圆的形状、红红的颜色,通过嗅觉器官感到它特有的芳香气味,通过手的触摸感到它硬中带软,通过口腔品尝到它的酸甜味道,人就把这个事物反映成苹果。这种信息整合过程就是知觉。

2. 知觉的种类

根据在知觉过程中起主导作用的分析器的不同,可以将知觉分为视知觉、听知觉、味知觉和触知觉等。

根据知觉对象的不同,可以将知觉分为物体知觉和社会知觉。

物体知觉主要是对物体的知觉,包括空间知觉、时间知觉、运动知觉。

社会知觉是对人的知觉,包括对自己的知觉、对别人的知觉和人际关系的知觉。

(1)空间知觉。空间知觉是对物体的形状、大小、距离(远近)、方位等空间特性的知觉。空间知觉是多种分析器协同活动的结果,人的视觉、触觉、听觉、动觉等经验及其相互联系,对空间知觉具有重要的作用。

(2)时间知觉。时间知觉是指人对客观物质现象延续性和顺序性的反映。时间知觉与空间知觉相比有两点不同:一是时间知觉有时并非由固定刺激所引起;二是时间知觉没有像光和声那样有专门的感觉器官。

(2)运动知觉。运动知觉是指人对物体的空间位移的知觉。运动着的物体总是在一定的时间和空间中进行的,因此,运动知觉跟空间知觉及时间知觉有不可忽视的密切关系。运动知觉包括人对事物真正运动的知觉和似动知觉。

(4)错觉。错觉是指人在特定的条件下对客观事物必然产生的某种固定倾向的歪曲知觉,也就是说错觉是对客观事物的不正确的知觉。而在特定的条件下,错觉的产生不可避免。错觉不同于幻觉,它是在客观事物的刺激作用下产生的对刺激的主观歪曲的知觉。

错觉现象早在两千多年前就被人类所发现。在中国,《列子·汤问篇》中就载有两小儿争论太阳大小的论述,“日初出大如车盖,及日中则如盘盂”“日初出沧沧凉凉,及其日中如探汤”,令孔子不能解答。古希腊学者亚里士多德曾描述过月亮错觉现象。

3. 知觉的基本特征

人的知觉过程是一个有组织、有规律的心理活动过程。这些规律主要表现为知觉整体性、知觉选择性、知觉理解性和知觉恒常性，它们保证了人们对客观事物的认识。

(1)知觉整体性。知觉整体性是指人根据自己的知识经验把直接作用于感官的客观事物的多种属性整合为统一整体的组织加工的过程。

(2)知觉选择性。知觉选择性是指人根据当前的需要，有选择地将外来刺激物作为知觉对象进行组织加工的过程。

(3)知觉理解性。知觉理解性是指人以知识经验为基础，对感知的事物进行加工处理，并用语词加以概括赋予说明的组织加工过程。知觉理解性主要受到个人的知识经验、言语指导、实践活动以及个人兴趣爱好等多种因素的影响。

(4)知觉恒常性。当知觉的条件发生了一定的变化时，我们对知觉的映象仍然保持不变，这就是知觉的恒常性。

相关链接：

缪勒莱尔错觉

两条横线等长，区别是两端所附箭头的方向不同，看起来所附箭头向外的横线较长。

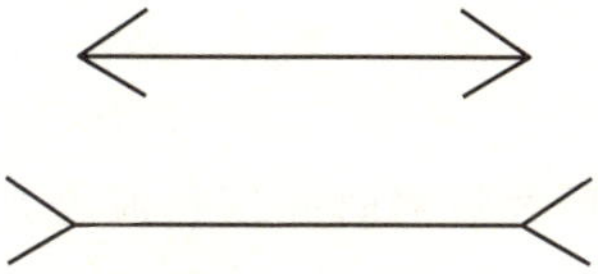

佐尔纳错觉

五条平行线，用左斜线和右斜线分别划在平行线上，也属于视空间错觉之一。当数条平行线被不同方向的斜线所截时，看起来就失去了平行线的特征。

(四)记忆

1. 记忆的概念

记忆是人脑对过去的经验的保持和再现(回忆和再认)。人们在生活实践中感知过的事物、思考过的问题、体验过的情感以及练习过的动作等以映象的形式在人脑中保持,以后可在一定条件的影响下重新得到恢复。这种在人脑中对过去经验的保持和重现的过程就是记忆,它是人脑对过去所经历过的事物的反映。

2. 记忆的过程

记忆是一种比较复杂的认知过程。它是通过识记、保持、再认或回忆三个基本环节在人脑中保存和积累个人经验的心理过程。

识记是记忆过程的第一个基本环节,是指个体获得知识和经验的过程,它具有选择性。

保持是记忆过程的第二个基本环节,是通过识记对头脑中建立的印象进行巩固并保存下来,使之能更好地成为人的经验。

再认是指过去感知过的事物重新出现时,我们能感到熟悉并可确定是我们认知过的;回忆是指过去感知过的事物并没有出现,但由于某种影响而呈现出来。

识记、保持、再认或回忆这三个过程是密切联系的。没有识记就谈不上对经验的保持,没有识记和保持,就不可能对经历过的事物进行回忆或再认。因此,识记和保持是回忆或再认的前提,回忆或再认则是识记和保持的结果,并能进一步巩固和加强识记和保持的内容。

3. 记忆的分类

(1)按记忆时间长短分

根据信息从输入到提取所经过的时间信息编码方式和记忆阶段的不同,可将记忆分为感觉记忆(瞬时记忆)、短时记忆和长时记忆。

作为要输入到记忆中的信息,首先必须通过感觉器官的活动而产生感觉或知觉。感觉记忆是指感觉性刺激作用后仍在脑中继续短暂保持其映象的记忆,它是人类记忆信息加工的第一个阶段,后象就是感觉记忆的一个例子。各种感觉器官通道都存在着相对应的适宜刺激的感觉记忆,但并非把所有的感觉器官接收到的全部刺激登记在感觉记忆中,而是具有选择性的。它既依赖于客观事物的本身特点,也依赖于人的主观心理因素。

短时记忆是感觉记忆和长时记忆的中间阶段,保持时间为 5 秒钟~1 分钟。短时记忆是指脑中的信息在一分钟之内的加工编码的记忆。短时记忆又称为操作记忆或工作记忆,它与感觉记忆在功能上的区别是:感觉记忆中的信息既是无意识的,也是未加工的感觉痕迹;而短时记忆中的信息来自感觉记忆并对其进行操作、加工,是正在工作的、活动的记忆。只有那些被加工处理编码后的信息才能被转入长时记忆中储存，否则就会遗忘。

长时记忆是指信息经过充分的和有一定深度的加工后，在头脑中长时间保存下来的记忆。这是一种永久性的储存，又称永久性记忆。一个人在社会环境中生活、工作与学习活动的开展和维持，主要是利用长时记忆随时检索和提取经验与知识。

(2)按记忆内容分

根据记忆内容的不同，可以把记忆分为形象记忆、情景记忆、语义记忆、情绪记忆和运动记忆。

① 形象记忆

形象记忆是个人以感知过的事物的形象为内容的记忆。这种记忆所保持的是事物的具体形象，具有鲜明的"直观"性，它以表象的形式储存。

② 情景记忆

情景记忆是个人以亲身经历的、发生在一定时间和地点的事件(情景)为内容的记忆。情景记忆接受和储存的信息与个人生活中的特定事件、某个特定的时间和地点相关，并以个人的经历为参照。

③ 语义记忆

语义记忆是个人以各种有组织的知识为内容的记忆，又称为语词逻辑记忆。语义记忆是以语词所概括的对事物的关系以及事物本身的意义和性质为内容的记忆。

④ 情绪记忆

情绪记忆是个人以曾经体验过的情绪或情感为内容的记忆。引起情绪和情感的事件已经过去，但个人对该事件的体验仍保存在记忆中，在一定条件下，这种情绪、情感又会重新被体验到。

⑤ 运动记忆

运动记忆是个人以过去经历过的身体的运动状态或动作形象为内容的记忆。运动记忆是以过去的运动或操作动作所形成的动作表象为前提的，没有运动表象(各种运动和动作的形象在脑中的表征过程)就没有运动记忆。

(3)按记忆信息的加工与存储内容分

根据信息加工与存储的内容不同可将记忆分为程序性记忆和陈述性记忆。

① 程序性记忆

程序性记忆是一种技能记忆，指一个人对具有先后顺序的活动的记忆。程序性记忆主要包括认知与动作技能两部分，它是个体经过观察学习与实际操作练习而得到的记忆。

从个体发展来看，个体首先发展起来的是程序性记忆，如自幼学习的动作技能，写字、骑车等都是通过练习而获得的,其所学到的“如何按程序操作”的一切活动,长期贮存在记忆里,以后一旦需要,则可随时检索出来应用。程序性记忆有一个明显的特征:绝大多数不能言传,例如会骑自行车的人很难用言语来表达这种知识。

程序性记忆是按一定程序习得的,其存储后经久不忘,会骑自行车的人,以后20年内不再练习也不会忘记,会弹钢琴的人也是如此。但程序性记忆在开始学习时较难,尤其是在刚学习后记忆检索的初期,必须受意识的支配,并清楚地意识到需按程序进行活动。以后经过多次练习达到纯熟阶段,程序性记忆的检索就会成为自动方式进行,例如骑车者只需抬头向前看,而不需留意自己的手、脚动作。程序性知识是学校技能教育的内容之一。

② 陈述性记忆

陈述性记忆是一种事实记忆,是指一个人对事实性信息的记忆,例如人名、地名、名词解释、定理以及定律等均属于陈述性记忆。陈述性记忆的明显特征是可以言传,即在需要时可将记得的事实陈述出来。陈述性记忆又被称为陈述性知识。陈述性知识是学校知识教育的重要内容。

(五)想象

1. 想象的定义

想象是人脑对已有表象进行加工改造而创造新形象的过程。通过想象过程创造的新形象就是想象表象,想象表象具有形象性和新颖性。

想象是在记忆表象的基础上进行的,它以直观形式呈现人们头脑中的具有形象性特征的表征,而不是言语符号。在想象过程中,表象得到进一步的加工和组合,创造出新的形象。这些新形象既可以是主体没有感知过的事物的形象,也可以是世界上根本不存在或还未出现的新形象。

想象是以组织起来的形象系统对客观现实的超前反映。看起来似乎是“超现实”的,其实,任何想象都不是凭空产生的,构成新形象的材料都来自生活,取自过去的经验,不可能无中生有。天生的聋人绝对不能想象出优美的音乐,天生的盲人也想象不出奇妙的美景。

可见,想象虽然是新形象的创造,但它的内容和其他心理过程一样,来自客观现实。想象是反映客观现实的各种成分的形象组合过程,也是人脑反映客观现实的一种形式。

2. 想象的种类

(1)根据产生想象时有无目的,可将想象划分为不随意想象和随意想象。

① 不随意想象

不随意想象是没有预定目的、不自觉的想象。如天空中变化的浮云,时而似人头,时而似奔马,时而似城楼,……各种想象形象不自觉地浮现着,转化着。另外,当人们长久地进行机械、枯燥的活动时，注意力便会不集中，如冗长的会议、长久地躺在草地上休息，某种想象形象就可能不经意地浮现在眼前。这些都是不随意想象。

② 随意想象

随意想象是有预定目的的、自觉进行的想象，是意识活动的一种形式。这种想象活动具有一定的预见性、方向性，人们在想象过程中一直控制着想象的方向和内容。

(2)根据内容是否新颖，可将想象划分为再造想象和创造想象。

① 再造想象

再造想象是人们根据别人的言语叙述文字描述或图形示意，在头脑中形成相应新形象的过程。

再造想象必须以别人的描述和提示为前提，再造别人想象过的事物，虽然具有一定的独立性，但独立性差。值得注意的是，再造想象不是别人想象的简单重现，而是依据以往的经验再造出来的。例如，建筑工人根据建筑蓝图想象出建筑物的形象；没有领略过北国冬日的人们，通过诵读某些描写北国冬日风光的文章，可在脑海中形成北国风光的情景。

② 创造想象

创造想象是不依据现成的描述而独立创造出新形象的过程。

创造想象根据预定目的，通过言语符号对已有表象进行选择、加工、改组而产生可以作为创造性活动“蓝图”的新形象。例如，让儿童复述听过的故事和让儿童独立编造一个故事，所要求的想象水平是不一样的，前者主要是再造想象，后者主要是创造想象。

(3)根据想象与现实的关系，可将想象划分为科学幻想、理想、空想。

① 科学幻想

科学幻想是科学预见的一种形式，是创造想象的准备阶段和发展的推动力，是具有进步意义和有实现可能的积极幻想。

② 理想

理想是符合事物发展规律、有实现可能的积极幻想。如想成为科学家、艺术家，为实现国家的繁荣富强做贡献，就是许多当代青年的理想。树立崇高理想对于个性品德的培养、人生观的形成有重大作用。开展共产主义理想教育、树立共产主义信念，是青年思想政治工作的中心。

③ 空想

空想是与客观现实相违背的消极幻想，根本不可能实现。空想往往使人脱离现实，长期陷入空想的人往往碌碌无为，一事无成。

(六)思维

1. 思维定义

思维是人脑对客观现实的间接的和概括的反映。它是借助言语实现的、能揭示事物本质特征及内部规律的理性认识过程。

思维和感觉、知觉一样,也是人脑对客观现实的反映。不过感觉和知觉是对客观现实的直接的反映,它们所反映的是客观事物的外部现象或个别属性,而思维则是对客观事物间接的、概括的反映,它所反映的是客观事物的共同的本质特征和内在联系。例如,当人们研究"水"时,通过感觉和知觉只能认识水的颜色、形态和温度;而通过思维能舍弃水的颜色、形态和温度的具体特征,认识到水在大气压力为760毫米水银柱时,温度降低到0摄氏度,就会结冰;温度增加到100摄氏度,就会沸腾这样的规律。因此人的思维是以感觉和知觉为基础的更复杂、更高级的认识过程。

2. 思维的特点

(1)概括性。思维的概括性包含两层意思:第一,把同一类事物的共同特征和本质特征抽取出来加以概括。例如,人们把形状、大小各不相同而能结出枣子的树木称为"枣树";把枣树、苹果树、梨树等依据其根、茎、叶、果等共性归称为"果树"等。第二,将多次观察到的事物之间的联系和关系加以概括,得出有关事物之间的内在联系的结论。例如,每次看到"月晕"就要"刮风",地砖"潮湿"就要"下雨",就能得出"月晕而风""础润而雨"的结论。这种概括促使人形成对客观事物内在关系和规律性的认识,也有助于人对客观环境的适应、控制与改造。

(2)间接性。所谓间接性,就是人凭借已有的知识经验或其他事物的媒介,理解或把握那些没有直接经历过的,或根本不可能感知到的事物,以推测事物过去的进程,认识事物现实的本质,推知事物未来的发展。例如,医生根据对病人的体温、血压、血液、尿液、心电图、脑电图等检查的有关资料,就能确诊病人的病因;气象工作者根据已有的气象资料,就能预知今后天气的变化等等。所有这些都是间接的认识,是通过人脑"去粗取精,去伪存真,由此及彼,由表及里"的加工活动,即思维活动来实现的。

3. 思维的种类

思维可以从不同角度进行分类。

(1)根据思维过程中的凭借物的不同,可将思维分为动作思维、形象思维和抽象思维。

① 动作思维

以实际动作为支柱的思维。这种思维也称操作思维或实践思维。例如,幼儿在学习简单计数和加减法时,常常借助数手指,实际活动一停止,他们的思维便会立即停下来。

② 形象思维

以具体形象和表象为支柱的思维。人们可以运用头脑中的各种形象来进行思维活动，在幼儿期和小学低年级儿童身上表现得非常突出。如儿童计算 3＋4＝7，不是对抽象数字的分析、综合，而是在头脑中用 3 个手指加上 4 个手指，或 3 个苹果加上 4 个苹果等实物表象相加而计算出来的。

③ 抽象思维

以概念、判断、推理等形式进行的思维。例如，学生运用数学符号和概念进行数学运算或推导，科学工作者根据实验材料进行某种推理、判断等用到的都是抽象思维。抽象思维也叫逻辑思维，它是人类特有的一种思维形式。

(2)根据思维探索目标的方向不同，可将思维分为聚合思维和发散思维。

① 聚合思维

聚合思维又称求同思维、集中思维，是把问题所提供的各种信息集中起来得出一个正确的或最好的答案的思维。例如，学生从各种解题方法中筛选出一种最佳解法，工程建设中对多种实施方案进行比较和筛选找出最佳的方案等的思维。

② 发散思维

发散思维又称求异思维、辐射思维，是从一个目标出发，沿着各种不同途径寻求各种答案的思维。例如，数学中的“一题多解”，科学研究中对某一个问题的解决提出多种设想，教育改革的多种方案的提出等的思维。

(3)根据思维的结果是否经过明确的思考步骤和对过程是否有清晰的意识，可将思维分为直觉思维和分析思维。

① 直觉思维

直觉思维是未经逐步分析就迅速对问题答案做出合理的猜测、设想或突然领悟的思维。例如，医生听到病人的简单自述后迅速做出疾病的诊断；公安人员根据作案现场情况，迅速对案情做出判断；学生在解题中未经逐步分析，就对问题的答案做出合理的猜测等的思维。

② 分析思维

分析思维是经过逐步分析后，对问题解决做出明确结论的思维。例如，学生解几何题的多步推理和论证，医生面对疑难病症的多种检查、会诊分析等的思维。

(4)根据思维的创新程度，可将思维分为常规性思维和创造性思维。

① 常规性思维

常规性思维是指人们运用已获得的知识经验，按惯常的方式解决问题的思维。例如，学生按例题的思路去解决练习题和作业题，学生利用学过的公式解决同一个类型的问题等。

② 创造性思维

创造性思维是指以新异、独创的方式解决问题的思维。例如，技术革新、科学的发明创造、教学改革等所用到的思维都是创造性思维。

二、情感过程

（一）情绪与情感的概念

情绪和情感是人类心理活动的一个重要方面，它伴随着认知过程而产生并对认知过程产生重大影响，也是人对客观现实的一种反映形式。

情绪和情感是人对客观事物的态度的体验，是人的需要是否获得满足的反映。同是人对客观事物的反映形式，情绪和情感不同于认知过程，认知过程是人对客观事物本身的反映，而情绪和情感反映的则是客观事物与人的主观需要之间的关系。“体验”是情绪和情感的基本特征，无论人对客观事物持什么态度，人自身都能直接体验到，离开了体验就根本谈不上情绪和情感。情绪和情感有积极与消极之分，这是有别于认知过程的另一个特征。

（二）情绪与情感的主要功能

1. 适应功能

人的行为总伴随着一定的情绪和情感状态，情绪和情感是人适应环境、机体生存与发展的精神支柱。情绪和情感的适应功能可从以下三个方面来理解。

(1)高等动物的情绪具有适应功能。表情的发展是情绪和情感的适应功能发展的标志。类人猿等高级灵长类动物，如黑猩猩，有着与人类相似的表情，可以表达喜、怒、哀、乐等基本情绪。

(2)儿童的情绪和情感具有适应功能。

(3)成人的情绪和情感具有适应功能。现代社会，由于物质文明和精神文明高度发展，社会变化的速度也越来越快，对环境的适应也成为人们经常遇到的问题，情绪调节也就成了适应社会环境的重要手段，如因情绪不好而吃不下饭就是日常生活中情绪影响适应的明显表现。

2. 动机作用

人的各种需要是行为动机产生的基础和主要来源，而情绪情感是需要是否得到满足的主观体验，它们能激励人的行为，改变行为效率。因此，情绪和情感具有动机作用。

3. 组织作用

情绪和情感这种特殊的心理活动，对其他心理过程而言是一种监测系统，是心理活动的组织者。积极的情绪和情感具有调节和组织作用，消极的情绪和情感则有干扰、破坏作用。

4. 信号作用

情绪和情感有着明显的外显形式——表情。表情与言语一样是人际交往的重要工具，它是传播情绪和情感信号的主要媒介。

总之，情绪和情感使人们对环境的认识、态度和观点更具有表现力，在人际交往中往往起传递信息的作用。情绪和情感的适应功能也是通过它的信号作用得以实现的。

(三)情绪与情感分类

情绪和情感是复杂多样的，古今中外的哲人、学者对如何划分情绪和情感的种类提出了许多看法。我国古代思想家荀子将情绪和情感分为好、恶、喜、怒、哀、乐六大类，倡导“六情说”；心理学家林传鼎将人的情绪表现归纳为安静、喜悦、愤怒、哀怜、悲痛、忧愁、愤急、烦闷、恐惧、惊骇、恭敬、抚爱、憎恶、贪欲、嫉妒、傲慢、惭愧、耻辱十八类。法国哲学家笛卡尔认为，人有惊奇、爱悦、憎恶、欲望、欢乐和悲哀六种原始情绪，其他情绪都是它们的组合或分支。

按照需要是否获得满足使人产生的各种心理体验，可以将情绪和情感分为基本情绪、社会性情感和情绪状态。

1. 基本情绪

快乐、愤怒、恐惧和悲哀是最基本、最原始的情绪。它们与基本需要相关联，常常具有较高的紧张性。

(1)快乐：快乐是达到所盼望的目的后，个体因紧张解除所产生的心理上的愉快和舒适。例如，经过很大努力解出一道难解的数学题目后，人们会感到非常快乐，而解答容易的题目往往体验不到这种快乐。

(2)愤怒：愤怒是愿望得不到满足，实现愿望的行为一再受到阻挠引起的因紧张积累而产生的情绪体验。

(3)恐惧：恐惧是个体企图摆脱、逃避某种情境所产生的情绪体验。这种体验是由缺乏处理可怕情境的能力所引起的。

(4)悲哀：悲哀是个体在失去某种他所重视和追求的对象时产生的情绪体验。

2. 社会性情感

情感反映着人们的社会关系和生活状况，渗透到人类社会生活的各个领域，具有鲜明的社会历史性。社会性情感包含了爱和高级社会情感。爱是人类的基本情感，表现为亲人之爱、友情之爱、恋人之爱、故土之爱、国家和民族之爱；人类高级社会情感有道德感、理智感和美感。

(1)道德感

道德感是个体根据一定的社会道德行为标准，在评价自己或他人的行为举止、思想言论和意图时产生的一种情感体验。如果自己或他人的思想和行为符合这种道德规范的要求，则会产生肯定的道德体验，会心安理得或产生尊敬感。反之，则产生否定的道德体验，如愧疚、痛苦或蔑视。

(2)理智感

理智感是人对认识活动成就进行评价时产生的情感体验。例如，人们在探索真理时会产生求知欲，了解和认识未知事物时有兴趣和好奇心；在解决疑难问题时会出现迟疑、惊讶和焦躁，问题解决后产生强烈的喜悦和快慰；在坚持自己观点时有强烈的热情；由于违背了事实而感到羞愧等，都是理智感的体现。

(3)美感

美感是对事物美的体验。它是人们根据美的需要，按照个人的审美标准对自然和社会生活中各种事物进行评价时产生的情感体验。美感具有较强的直观性，事物的外表形式对美感有很大的影响，但美感同时也依赖于事物的内容。事物内容的美赋予美感以更丰富的内涵，内在美是外在美的源泉，对内在美的追求是由更深刻的审美需要所引起的。

3. 情绪状态

情绪状态是指在某种事件或情境影响下，人在一定时间内产生的特定的情绪体验状态。情绪活动具有强烈的情境性，在不同情境下有着不同的表现。一般来说，人的一切心理活动都带有情绪色彩，而且会以不同的紧张程度表现出来。通常，情绪以心境、激情、应激三种不同形态出现。

(1)心境

心境是一种深入的、比较微弱而持久的情绪状态，如开心、平和、忧心、焦急等。心境具有弥散性，不是关于某一个事物的特定体验，而是由一定情境唤起后在一段时间里影响主体对事物的态度的体验。处在某种心境中的人，往往会以同样的情绪状态看待一切事物。心境与人们通常所说的“心情”比较一致。

(2)激情

激情是一种强烈的、短暂的、爆发性的情绪状态。激情往往由与人关系重大的重要事件引发，如成功后的狂喜、惨遭失败后的沮丧和绝望、至亲突然逝世后的极度悲伤等，都是激情状态。另外，对立意向的冲突或过分抑制情感，也很容易引起激情。例如，对某种痛苦忍耐过久、抑制过度，一旦爆发出来就会是强烈的激情状态，难以控制。发生激情时有很明显的外部表现，如面红耳赤、咬牙切齿、哭泣呼号、手舞足蹈等，有时甚至会出现痉挛性动作，表现出言语过多或不流畅现象。

(3)应激

应激是在出乎意料的紧张与危急状况下出现的情绪状态，是人对意外的环境刺激做出的适应性反应。例如，在紧急状态(地震、火灾)下，人们迅速做出判断，使机体各部分动员起来并处于高度紧张的应激状态是十分必要的。

三、意志过程

(一)意志的定义、特征、品质

1. 定义

意志是指一个人自觉地确定目的,并根据目的来支配、调节自己的行动,克服各种困难,从而实现目的的心理过程。人对客观世界的反映并非是消极被动的,而是积极的、能动的。人在反映客观世界的过程中,不仅接受内外刺激的作用,产生认识和情绪情感,而且还要采取行动,反作用于客观世界。人根据对客观事物的认识,先在头脑中确定行动的目的,然后根据这个目的来支配自己的行动,并力求实现此目的,这种心理活动就是意志。由意志支配的行动称为意志行动。

2. 意志的特征

(1)意志行动是有目的的行动

意志行动的目的性特征是人与动物的本质区别。人在活动之前,活动的结果已经作为行动的目的而存在于人脑之中了。在活动中,方法的选择、步骤的安排等始终从属于目的,并以预先所确定的目的作为标尺来评价自己活动的结果。因此,没有目的,也就不会有意志行动。

(2)随意运动是意志行动的基础

随意运动是意志行动的基础,意志行动表现在随意运动中。人的各种运动分为随意运动和不随意运动。随意运动是指受到意识调节和支配的,具有一定目的的方向性或习惯性的运动,例如长跑、写字、操纵劳动工具等。不随意运动一般是指不受意识支配的运动,例如心脏跳动、瞳孔反射运动等。

(3)意志行动与克服困难相联系

在人的活动中有许多是具有目的的,并且以随意运动为基础。但是有些行动,诸如饭后散步、闲时聊天、观鱼赏花等并没有明显困难而言,故一般不认为它们是意志行动。只有那些与克服困难相联系而产生的意志行动,才是意志行动的重要特征。例如,身体欠佳时坚持工作、为按时完成某项重要任务而奋斗拼搏等。一个人意志坚强的水平往往以困难的性质和克服困难的努力程度来衡量。

3. 意志的品质

意志行动在不同人的身上表现不同。有人能独立地采取决定,而有人则易受暗示;有人处事果断,有人则优柔寡断等等。因此,构成一个人行为特点的稳定因素的总和是意志品质。意志品质主要包括自觉性、果断性、坚韧性和自制力,它们在人的意志行动中贯彻始终,并构成人的意志的性格特征。因此,只有培养良好的意志品质,才能使人成为具有坚强意志的人。

(二)意志行动的心理过程

意志行动的心理过程是指意志对行为的积极能动的调节过程。它有发生、发展和完成的历程。意志行动的心理过程分为两个阶段:采取决定阶段,包括动机斗争和确定行动的目的;执行决定阶段,包括行动方法、策略的选择和克服困难实现所做出的决定。

1. 采取决定阶段

采取决定是意志行动的开始阶段,它决定意志行动的方向以及意志行动的动因。一般来说,具体要经过动机斗争和行动目的确定等环节。

(1)动机斗争

意志行动中的动机斗争是指动机之间相互矛盾时,对各种动机权衡轻重,评定其社会价值以及解除意志的内部障碍的过程。

(2)确定行动的目的

确定目的在意志行动中非常重要。是否能通过动机斗争而正确地树立行动的目的,表现了一个人的意志力量。动机间的矛盾越大,斗争越激烈,确定目的时所需要的意志上的努力也越大。意志的力量表现在正确地处理动机斗争,选择正确的动机,确定正确的目的。

2. 执行决定阶段

目的确定以后,就要解决如何实现目的的问题,即解决怎样做的问题。一般来说,要经历行动方法和策略的选择、克服困难实现所做出的决定等环节。

相关链接:

动机斗争的四种类型

(1)接近-接近型冲突

接近-接近型冲突又称双趋冲突,指一个人以同样强度追求同时并存的两个目的时因不能兼得而产生的内心冲突。孟子曰:"鱼,我所欲也;熊掌,亦我所欲也。二者不可得兼,舍鱼而取熊掌者也。生,我所欲也;义,亦我所欲也。二者不可得兼,舍生而取义者也。"对这种"鱼和熊掌难以兼得"的动机冲突,解决的方法是放弃一个目标,或者同时放弃这两个目标而追求另一个折中目标。

(2)回避-回避型冲突

回避-回避型冲突又称双避冲突,指一个人同时遇到两个具有威胁性的事件,但又必须接受其一始能避免其二时的内心冲突。此时,由于选择困难而使人困扰不安、左右为难。例如,孩子因长了龋齿感到痛苦,但又不肯就医,因为害怕治疗带来的难受。此时,牙痛和治疗都想回避,在他看来两者都是一种威胁,但又必须选择其一,才能躲避其二。

(3)接近-回避型冲突

接近-回避型冲突又称趋避冲突,指一个人对同一个目的同时产生两种对立的动机，即一方面好而趋之、另一方面恶而避之的矛盾的内心冲突。例如，想做好事，又怕别人嘲笑；想参加竞赛，又怕失败。一般情况下，越是接近目标，想要达到这一个目标的愿望越强烈。同时，回避目标的愿望也相应增长，而且回避目标的强烈意愿程度的增长比接近的要增长得更快。研究表明，趋避冲突在心理上引起的矛盾冲突的后果最严重，因为它会使人在较长时间内一直处于对立意向的冲突中，从而导致行动的不断失误。

(4)多重接近-回避型冲突

多重接近-回避型冲突又称多重趋避冲突，指一个人面对两个或两个以上的目的时，每种目的都具有吸引和排斥作用，而不能简单地选择一种目标，回避另一种目标，因必须进行多重的选择而引起的内心冲突。例如，一个人想调换到一个新的工作单位，因为该单位有较高的经济收入和其他优厚的福利条件，可是工作性质和人际关系不易适应。但如果留在原单位工作，有习惯了的工作条件、环境以及较好的人际关系，可是经济收入和福利待遇较差些，于是就会产生多重趋避冲突。一般来说，如果几种目标的吸引力和排斥力相差较大，解决这种内心冲突则比较容易；如果几种目标的吸引力和排斥力比较接近，那么，解决这种内心冲突就比较困难，并需要用较长的时间来考虑得失和权衡利弊。

任务三 个性心理

一、个性心理的定义和特征

(一)个性心理的定义

个性指一个人的整个心理面貌，即具有一定倾向性的各种心理特征的总和。

个性是复杂的、多侧面、多层次的统一体。个性的心理结构包括个性倾向性、个性心理特征和个性调控三大部分。这三大部分有机结合，使个性成为一个统一的整体结构。

(二)个性的基本特征

一般认为，个性具有整体性、稳定性、可塑性、独特性、社会性和生物性。分析这些特性，有助于人们对个性概念的理解。

1. 个性的整体性

个性是一个统一的整体结构，是人的整个心理面貌的组成部分。每个人的个性倾向性、个性心理特征和个性调控并不是孤立的，它们相互联系、相互制约，组成了一个完整的个性。在心理学史上，有些心理学家，如沃伦(H. C. Warren)和普林斯(M. H. Prince)等人在个性定义中罗列了许多特征，把个性看作是个人许多特征的简单总和。德国心理学家斯腾(W. Stern)强调研究整体的人。他认为,人身体上集中了各种心理机能,心理学研究的对象应该是整体的人,而不是各种新时期的心理机能。美国著名心理学家奥尔波特(G. W. Allport)指出,个性是一种有组织的事例体。在这个事例体中各个成分相互作用、相互影响、相互依存,如果其中一部分发生变化,其他部分也将发生变化。后来,在个性研究中引进了结构的概念和系统的观点,把个性看成是完整的构成物,并且具有整体性。

2. 个性的稳定性和可塑性

个性具有稳定性。个性是指一个人比较稳定的心理倾向和心理特性的总和。人在行为中的偶然表现不能表征他的个性,只有在行为中比较稳定地经常表现出来的心理倾向和心理特征才能表征他的个性。例如,一个处事稳重的人,偶然表现出轻率的举动,不能由此说他具有轻率的性格特征。个性具有经常性、稳定性,"江山易改,本性难易",形象地说明了个性的稳定性。潘菽教授指出:"心理过程是指心理的一时动态表现;……个性指的就是一个人(或每个人)所有心理静态或较稳定的状况的全部内容。忽视了这一点,个性心理问题无论如何都说不清楚。"然而,个性的稳定性只是相对的,个性并不是一成不变的。个性具有可塑性。个性在主客观条件相互作用过程中发展起来,同时又在主客观条件相互作用过程中发生变化。儿童的个性还不稳定,受环境影响较大;成年人的个性比较稳定,但自我调节对个性的改变起着重要作用。例如,逆境可以使人消沉,但通过自我调节,人也可以使自己变得坚强。个性是稳定性和可塑性的统一。

3. 个性的独特性

人与人之间没有完全相同的心理面貌。俗话说:"人心不同,各如其面。"许多心理学家也都强调了个性的独特性。每一个人的个性都由独特的个性倾向和独特的个性心理特征所组成。即使是同卵双生子,他们的心理面貌也不会完全相同,因为个性是在遗传、环境、成熟和学习等许多因素的影响下发展起来的。这些因素和这些因素之间的相互关系都不可能是完全相同的

个性的独特性并不是说人与人之间在个性上毫无共同之处。个性是指一个人的整个心理面貌,它既包括人与人之间在心理面貌上的相同方面(共同性),也包括人与人之间在心理面貌上的不同方面(差异性)。个性中既包含人类共同的心理特点、民族共同的心理特点、阶级和集团共同的心理特点,又包含每个人与其他人不同的心理特点。

4. 个性的社会性和生物性

人的个性不仅受生物因素的制约,而且受社会因素的制约。在个性形成和发展过程中,既有生物因素的作用,也有社会因素的作用。不能将个性的形成和发展原因归结为一种因素,也不能将这两种因素的作用等量齐观。生物因素只给个性

发展提供可能性，社会因素才能使这种可能性转化为现实。如果离开了人类的社会生活，人的正常心理就无法形成和发展。人在社会交往中，逐渐形成和发展了自己的个性。对个性形成和发展起决定作用的是社会生活条件。

二、个性心理结构

（一）个性倾向性

个性倾向性是人进行活动的基本动力，是个性结构中最活跃的因素。它决定着人对现实的态度，决定着人对认识活动对象的趋向和选择。个性倾向性主要包括需要、动机、兴趣、理想、信念和世界观。它们较少受生理因素的影响，主要是在后天的社会化过程中形成的。个性倾向性的各个成分并不是彼此孤立的，而是相互联系、相互影响和相互制约的。其中，需要是个性倾向性乃至整个个性积极性的源泉。只有在需要的推动下，个性才能形成和发展。动机、兴趣和信念等都是需要的表现形式。世界观居于最高层次，它制约着一个人的思想倾向和整个心理面貌，是人们言论和行动的总动力和总动机。个性倾向性被认为是以人的需要为基础的动力系统。

（二）个性心理特征

个性心理特征是指一个人身上经常地、稳定地表现出来的心理特点。它是个性结构中比较稳定的成分，主要包括能力、气质和性格。在个体心理发展过程中，这些心理特征较早地形成，并且不同程度上受生理因素的影响。

个性倾向性和个性心理特征之间也不是彼此孤立的，而是相互渗透、相互影响、错综复杂地交织在一起的。个性心理特征受个性倾向性调节，个性心理特征的变化也会在一定程度上影响个性倾向性。个性是一个统一的整体结构。

心理学中经常运用的还有人格一词。人格有时和个性同义。我国的《中国大百科全书·心理学》卷和《中国大百科全书·教育》卷都指出，人格也称个性；人格有时仅指性格和气质，不包括能力；有时人格的外延要比个性更广，不仅包括心理方面的特质，而且还包括身体方面的特质。“人格……是人在社会化过程中形成的给人以特色的心身组织。”而个性一般指一个人的整体心理面貌，只包括心理方面的特质。人格是一个多义词。

（三）个性调控

个性调控是个性中自我监控的部分，也称为自我意识。

1. 自我意识的定义

自我意识，是指一个人对自己以及自己与他人的关系的意识。例如，个体对自己的心理活动，自己与家人、同事、朋友等关系的意识。由于人的发展离不开周围的环境，特别是人与人之间关系的制约和影响，因此自我意识也反映了人与周围现实之间的关系。自我意识是个体心理素质和周围环境相互作用的结果,也是社会化的结果。

2. 自我意识的特征

自我意识是人类所特有的,是人类区别于动物的主要特征。自我意识具有意识性、社会性、能动性的特征。

意识性指个体对自己以及自己与周围世界的关系有着清晰、明确的理解和自觉的态度,而不是无意识或潜意识的。

社会性指自我意识不仅是个体对自己的生理特征的认识,更重要的是对自己的社会特征的认识。例如,认识到自己的社会角色、在一定的人际关系中的地位和作用等。

能动性指自我意识不仅表现在个体能根据社会或他人的评价、态度以及自己实践反馈的信息来形成自我意识,而且还能根据自我意识来调控自己的心理与行为。

3. 自我意识的主要结构(构成成分)

自我意识是人类心理的调控系统,也是个性结构中的最高层次。它是一种多维度、多层次的心理现象。心理学家往往根据不同的划分标准,把自我意识分为不同的结构(见表 1-1)。

表 1-1　自我意识的结构表

划分标准	类型	主要特征
形式	自我认识	涉及“我是一个什么样的人”的问题,包括自我感觉、自我观察、自我概念、自我评价。其中自我概念和自我评价是最主要的方面,反映了自我认识的发展水平
	自我体验	涉及“对自己是否满意,能否接纳自己”的问题,包括自爱、自尊、自信、自卑、自豪感、内疚感、成就感、价值感等。其中自尊是自我体验中最重要的方面
	自我调控	涉及“如何有效调控自己”“如何改变现状,成为一个理想的人”的问题,包括自立、自主、自律、自我控制、自我监督和自我教育等。其中自我控制和自我教育是最重要的方面
内容	生理自我	对自己的生理属性,如性别、发育状况、身材、外貌等的认识
	社会自我	对自己的社会属性,如社会角色、地位、权利、人际距离等的认识
	心理自我	对自己的心理状况,如认知、情绪、性格、态度、能力、气质等的认识
自我概念	现实自我	对现在的自我的认识,如现在的自我处于何种地位,拥有哪些知识技能等
	投射自我	想象中他人对自己的看法,如想象自己在他人心目中的形象、他人对自己的评价等
	理想自我	是自我追求的奋斗目标,如将来要得到什么学历和学位、从事什么职业、获得怎样的社会地位等

在学习过程中要注意到，心理过程和个性心理虽然有区别，但它们又是紧密联系在一起的。一方面，每一个人的每一种心理过程都带有个人的独特性（即个性），如同样是思考问题，有的人不动声色，有的人则嘴上不停地念叨；另一方面，每一个人的个性又都表现在心理过程之中，如一个性格急躁的人在情绪发生时往往表现得激烈而外露，相反，性格温和的人的情绪活动则会较为平和而内敛。也就是说，没有不表现出个性特征的心理过程，也没有不表现在心理过程之中的个性，二者是相互渗透、融为一体的。

相关链接：

早期心理学家对自我意识的划分

关于自我意识的结构，早期的心理学家就有所研究，并把它们划分为不同的种类。奥地利著名的精神分析家弗洛伊德(S. Frued)把人的自我分为意识、前意识、无意识。意识是指人能够知觉的心理活动。前意识是指人平时感觉不到，却可以经过努力回忆和集中精力而感觉到的心理活动。无意识指通常情况下人感觉不到，也不会进入意识层面的东西，是被压抑了的心理活动，比如，内心深处被压抑而无从意识到的欲望、恐惧等。

瑞士心理学家荣格(C. G. Jung)认为自我由意识和无意识组成。无意识又分为个人无意识和集体无意识。个人无意识相当于弗洛伊德的无意识概念，而集体无意识是指源于遗传的大脑结构，源于代代相传的一般心理功能的潜能，即那些不需要历史传统或移植就可能重新萌发于任何时代和地方的动机和意向。

课外学习

一、复习与练习

（一）复习

阅读教材，巩固并掌握主要知识点。

（二）思考与练习题

1. 什么是注意？

2. 记忆的分类有哪些？

3. 什么是思维，它有何特点？

4. 情绪与情感的主要功能是什么？

5. 个性由哪些部分构成，有什么特征？

二、案例分析

1. 在心理学的研究中，曾有人设计“拾柴火”的自然实验，实验对象是保育院的 40 个学生。实验是在冬天晚上进行的。实验者把湿柴放在附近的棚子里，而把干柴放在较远的山沟里，要求学生必须在晚上去拾柴以生火取暖，自己则隐蔽在一旁观察孩子们的动静。冬天的黑夜是寒冷而可怕的，结果实验者发现有的孩子是兴高采烈地前往山沟；有的则边走边发出怨言；有的不敢走远，只是到附近的棚子里去取湿柴。后来实验者对他们讲了有关勇敢者的故事，于是到山沟里取柴的人渐渐多了。经过几个月的教育和观察，发现有 20 个孩子发生了较大的变化。由此了解到孩子们的性格差异，有的勇敢主动，有的畏缩图方便，有的易动摇，有的则是胆怯。而他们的性格是可以通过教育改变的。

从“拾柴火”的故事中可分析如何培养性格。

2. 有一个笑话：一个老太太有两个女儿，一个开洗衣店，一个开伞店。老太太左右为难：晴天，担心开伞店的女儿的生意不好；阴天，担心开洗衣店的女儿的衣服晒不干。有一天，有人劝导，老太太你好福气，下雨天，你开伞店的女儿生意好，该高兴；天气好，你开洗衣店女儿的衣服干得快，也该高兴。对你来说，哪一天都是好日子呀。老太太想一想，也真是这样，心情顿觉好多了。

通过案例分析如何进行理性的情绪调节。

三、课外学习建议

(一)图书馆借阅

每位学生在图书馆借阅 1～2 本心理学书籍或相关刊物，增加对心理学的了解，拓阔知识面。

(二)互联网学习

1. 利用搜索工具从互联网获得与课程相关或自己感兴趣的心理认知现象进行学习和讨论，增加对心理认知现象的了解，拓阔知识面。

2. 学习职教云课程资源。

四、实践活动

每位学生准备一个案例，通过对案例的分析，详细地阐述一个心理认知现象。

课题三　心理与行为

课题概要：

本课题简要阐述了心理的发生发展及其表现、个体心理与行为的关系、心理发展的基本规律和年龄特征，引导学生将理论结合实际，认识和理解人类的心理及其变化过程。

学习目标：

1. 认识心理发生发展变化的过程和规律，掌握年龄特征的概念；

2. 理解心理与行为之间相互关系，懂得依据行为认识和分析人的心理活动；

3. 通过观察和分析心理活动，形成探究心理奥秘的兴趣，为后续学习和了解儿童心理打下基础。

现象分析：

1. 人在睡觉时会做梦。梦与心理活动有关系吗？

2.“任何五官健全的人必定知道他不能保存秘密。如果他的嘴唇紧闭，他的指尖会说话，甚至他身上的每个毛孔都会背叛他。”——西格蒙德·弗洛伊德

任务一　心理的发生发展及表现

一、心理的发生与发展

（一）心理的发生

任何心理活动都产生于脑，人类心理是人脑的高级机能的表现。但是，脑发生心理是由客观刺激作用于有机体而引起的神经系统的反映，心理活动的内容都来源于客观世界，即脑是不能单独发生心理的，心理是客观刺激物与主体神经系统建立起的联结，表现为主体主观的内在活动和体验。所以心理又是外界事物在脑中的主观能动的反映，具有个体主观性。

心理是依附于个体生命的生理活动而发生和持续的，也即心理与身体互相关联，心理现象的发生、持续和变化等会影响到有机体的机能，并引发机体反应，如人

在产生恐惧心理时会出现肌肉紧张、呼吸和心跳节奏改变、颤抖等机体反应，表明心理和身体是相互联系、互相影响的。因而，任何一种心理活动的发生都可能将其划分为心理反映的内容、心理发生机制、心理活动过程、心理的机体表现等部分。心理反映的内容是指心理活动指向的对象，如解计算题“2＋3＝?”时，思维的内容则是数与数的关系；心理发生机制要由脑内神经系统的兴奋、抑制、联结等活动来实现；心理活动过程是思维时要经过分析、综合、抽象、概括的活动来完成；心理的机体表现是指心理发生时，有机体会做出一系列的反应，如行动、动作、表情、言语等，这些机体表现传递了个体心理活动状态的信息，是探知心理活动的重要途径。

人类心理发生是一个漫长的历史演变过程，经历了从动物心理到类人猿，再到人的心理的变化。人类个体心理发生始于新生儿的各种感觉，如视觉、听觉、味觉、嗅觉等。从个体心理发展历程上来说，新生儿出生时是不具备真正意义上的心理活动的；出生后，随着儿童的不断生长与发育，身体和各种器官机能的发展完善、大脑神经系统机能的发展，加上受到周围成人和环境的刺激，心理活动从无到有、从简单的感觉到产生知觉、形成表象等，内容不断丰富，心理水平日渐提高。所以，心理的发生发展与有机体的生长发育及各种机能特别是大脑神经系统机能的成熟密切相关，也与环境影响和刺激分不开，正如心理学家曹日昌所说：“因为心理不是别的，而是在客观现实的影响下脑的活动的产物”。

（二）心理的发展

由于人脑高级神经机能的作用，加上人类特有的社会生存方式，人的心理在发生后不会就此停歇或消失，而是随人的生活、交往、学习、生产实践、社会工作等而不断累积，水平螺旋提升，也即人的心理是在个体经历不断增加和经验不断丰富中逐渐发展的。如人们初次认识了红色玫瑰花，会留下初始印象，即获得了直接经验；而后见到黄色、粉色、白色玫瑰花，会形成关于玫瑰花品种的认识；通过学习或研究知道了玫瑰花除了观赏，还可以食用、药用等，获得了对于玫瑰花的价值的认识，并开发出各种食用、药用的产品，服务人类的生活。

心理发展是个体心理在一定社会环境和教育条件下，不断由量变到质变、由低级向高级持续发生积极变化的过程。由于心理变化存在多种形态，心理学所指的心理发展是心理水平在客观现实影响下的持续提高，是在各种持续进行的活动中产生的积极心理变化，而因重大疾病、挫折等引发的心理变化则不属于心理发展。

心理的个体发展过程主要是指儿童心理发展的过程，年龄上是从出生到成年（从出生到18岁）的时期，这是心理发展的最重要时期。此时的儿童身体生长发育速度、心理发展速度很快，变化明显，是儿童心理学专门研究的对象。成年后个体心理水平趋向成熟，但仍然会发生持续的积极改变，只是发展速度会趋向缓慢。所以，人的心理发展在整个生命历程中是一种常态现象，是由人类大脑高级神经系统的特有功能和人类活动的方式决定的。

知识卡片

巴甫洛夫的经典条件反射学说

伊凡·彼德罗维奇·巴甫洛夫是苏联心理学家、医师，高级神经活动学说的创始人，高级神经活动生理学的奠基人，诺贝尔奖获得者。他也是一位实验生理学家，早年因消化生理学研究而闻名。他的研究多以狗为被试，在实验中他和助手无意中发现了很有意思的现象：研究人员在给狗喂食时，狗会分泌唾液，此时是一种正常的生理现象，但反复多次之后，狗只要看到食物，即使没有吃到，也会分泌唾液，甚至尚未看到食物，只看到食物容器或听到研究人员的脚步声，都会分泌唾液。这些现象引起了巴甫洛夫的好奇，为此，他专门设计了一个实验，这便是著名的经典条件反射实验(狗进食的摇铃实验，图 1-2)。

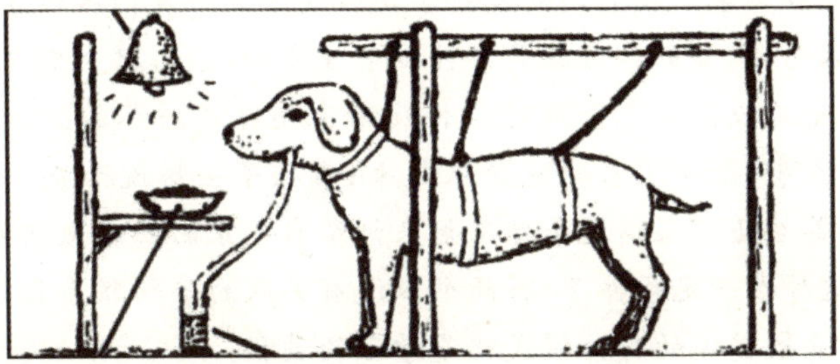

图 1-2　经典条件反射实验

巴甫洛夫进行这一实验的目的在于探讨条件刺激如何取代无条件刺激的作用，二者之间是如何联系起来从而引起个体相同的反应，相似条件刺激的作用是否能达到相同的效果。

为确保实验中刺激源的唯一性，巴甫洛夫专门建了一个隔音的实验室，把狗带进实验室，排除其他干扰因素。实验过程中，他选择食物作为无条件刺激，狗吃到食物时会自然地分泌唾液。他又选择将铃声作为中性刺激，它与食物毫不相干，不会引起唾液的分泌。实验中，巴甫洛夫首先让狗听到铃声，然后立即给它喂食，这时，狗会分泌大量的唾液。反复多次训练之后，巴甫洛夫向狗单独呈现铃声而不给它食物，观察狗的反应。如同预期的那样，听到铃声后狗就像已经吃到食物一样，自然地分泌唾液。此时说明条件反射已经形成，原本的中性刺激“铃声”已经成为引起唾液分泌的条件刺激。狗一旦听到铃声，就会来吃食物，铃声对于狗来说就相当于一个信号，从原来的中性刺激转变为条件刺激，获得了一定的信号意义。在此基础上，巴甫洛夫还进行了拓展研究，如变换中性刺激，把原来的铃声换成了香草气味或旋转物体等其他物体，发现条件反射依然能够建立。巴甫洛夫及后续研究者还发现，当条件反射建立之后，其他与条件刺激性质类似的刺激也能够引起同样的条件反射，而无须重新经历条件作用建立的过程，这一种现象被称为泛化。另外，条件反射建立之后，如果一直不再使条件刺激与无条件刺激相伴出现，那么已经建立的条件反射将逐渐减弱，甚至不再出现，这一种现象被称为消退。此外，他还变换了条件刺激与无条件刺激出现的时间：两者同时出现；条件刺激先于无条件刺激出现，同时停止；条件刺激后于无条件刺激出现，同时停止；条件刺激结束后无条件刺激再出现。结果发现，在各种不同的情况下，条件刺激先于无条件刺激出现的效果最佳，也就是说铃声、香草气味或旋转物体等先于无条件刺激出现的效果最佳，同时出现的效果次之，而其他两种结合方式则很难建立条件反射。

所以说，巴甫洛夫的实验印证了条件反射的存在，说明它可以替代无条件反射引起个体相同的反应。其中，条件刺激与无条件刺激相伴出现是作用的关键，即这种关系的建立是关键。

巴甫洛夫的经典条件反射实验以科学实验的方式给我们揭示了行为的学习途径。巴甫洛夫认为，人类的学习就是条件反射建立的过程，记忆则是对条件反射的巩固，人的许多行为或感觉都是通过条件反射来塑造或培养的。如司机驾车行驶在马路上，看到交警，就会不自觉地紧张起来；带孩子去医院看病，一看见医生，孩子就开始哭了；甚至还有人通过条件反射来训练自己家的鹦鹉做四则运算，可见其力量的强大。这种在一定条件下，将两个本没有关联的事物联系在一起，从而引起行为反应，并建立较稳定的行为模式就是学习的过程。

巴甫洛夫的经典条件反射学说核心内容有以下几个方面。

1. 强化(reinforcement)：环境刺激使个体某一种行为反应增加的过程称为强化。当一种行为获得了有利的结果时，这种行为以后就会重复出现；反之，这种行为就会减弱或消失。条件反射是在无关刺激与非条件刺激多次结合，无关刺激转化为条件刺激后建立的，也即强化，强化次数越多，条件反射也就越巩固。

2. 泛化(generalization)：不仅条件刺激本身能够引起条件反射，某些与之相似的刺激也可以引起条件反射的现象称为泛化。这是在反复强化的过程中会出现的一种结果，主要机制是大脑皮质内兴奋过程的扩散。

3. 消退(extinction)：如果非条件刺激长期不与条件刺激相结合，已经建立起来的条件反射就会消失，这种现象称为消退。消退是取消强化作用的结果。经典条件反射理论的意义是强调环境刺激对行为反应的影响，认为任何环境刺激都可通过经典条件反射影响个体的行为(包括内脏活动、心理活动和社会行为)。所以无论是正常的或异常的行为，都可以通过经典条件反射而获得。

二、心理的外在表现

心理是依附于个体机体的生理活动而发生和发展变化的，因而必然会与身体产生这样或那样的联系，并引发相应的机体反应。由于人脑的独特机能，人在头脑中进行的活动总会形成一定的认识、概念、思想、感受、计划，等等，这些会成为人行动的内在动力，促使人确定行动方向和目标，做出相应的行为反应。于是人们就能从个体的外在行为反应中来推测和确定其心理活动，并采取适合的应对行为。人的心理活动外在表现的形式主要是人的言语活动和非言语形式。言语包含了语句、语音、语调、语速等，非言语形式主要包括了身体的姿势姿态、动作、面部表情等。所以，西格蒙德·弗洛伊德说："任何五官健全的人必定知道他不能保存秘密。如果他的嘴唇紧闭，他的指尖会说话，甚至他身上的每个毛孔都会背叛他。"

正是心理活动的外在表现，才使得人与人之间可以互相了解和认识，人可以依据他人的心理和行为做出自我调整，从而能互相协调和适应、共同相处。对于学前教育专业的同学来说，学习和熟知人的心理表现特征，既可以丰富知识，增强自我认识和识别周围人的能力，提高自己应对环境和他人的主动性与成效，保持人际关系和谐，又能为将来从事幼教工作、认识和分析儿童的心理打下基础。

任务二　心理与行为的关系

一、人的行为分析

（一）人的行为及表现形式

行为是个体对所处环境的一种反应系统，包括了言语、动作和序列性动作。根据人的生物性和社会性，行为可分为本能行为和社会行为两大类。

人类的本能行为由人的生物性所决定，是人类的最基本行为，主要有摄食行为、睡眠行为、性行为、攻击和自我防御行为、学习模仿行为等。由于受到文化、心理、社会诸因素的影响，人的本能行为与动物的本能行为有本质的区别。

人的社会行为由人的社会性所决定，其造就机构来自社会环境，具体的来源包括家庭、学校、社会团体和组织等。在社会环境中，人们在不断的学习、模仿、受教育、与他人交往的过程中，逐步懂得如何使自己的行为得到社会的承认、符合道德规范、具有社会价值，从而与周围环境相适应。因此，人类的社会行为是通过社会化过程确立的。

（二）人的社会行为的特点

人的社会行为具有以下特点：多样性、适应性、动态性、指向性、可控性、发展性。

人的社会行为的多样性：行为发生于个体的各种不同需要，并由相应的动机诱发，从根本上说，需要既是动物行为，也是人类行为动机产生的心理基础。

行为发生重要的不在于他有什么样的需要，而是在于他的需要怎样向动机进行合理的转化，从而使自己的行为能够得到社会大众的理解、认可和支持。从人的姿态来看心理：两腿交叉的站立姿势表示人内心不平静，也缺乏自信。一个人既跷二郎腿又双臂交叉抱胸，说明这个人是在明显避开谈话。一个销售代表如果执意去向一个既跷二郎腿又双臂抱胸的顾客兜售自己的产品，那可是最愚蠢不过的做法，因为这个客户相当固执。心理研究表明：信息交流的结果＝7％的语言＋38％的语调语速＋55％的表情和动作，也就是说，肢体语言占据了沟通信息量的55％。

二、心理与行为的关系

心理是脑的生理机能，人的心理是大脑对作用于自身的客观现实的反映，是一种内在的、隐性的活动方式。行为的发生是由个体内在心理活动引发的外在反应方式，它是由一系列反应动作和活动构成的。心理活动总是在一定的刺激物作用下产生，而引起行为反应的必然是心理的中介作用。人在外界刺激作用下引发了心理反应，在相应心理状态下产生行为反应。在这个意义上，心理学有时也被称为研究行为的科学。

由此可见，心理与行为之间紧密相关：心理现象由客观刺激引发，又通过机体行为反应系统表现出来，人的行为受心理支配。行为不同于心理，但又和心理有着密切的联系。通过对外在行为的观察和分析可以认识人的心理，但只有真正理解了人的心理才能准确理解人的外部行为。

因而，在心理学研究过程中，心理学家通过对人的外在行为的观察和分析来研究个体的心理就成了常见的研究方式。心理学研究行为在于查明刺激与反应的关系，以便根据刺激推知反应，根据反应推知刺激，达到预测和控制人的行为的目的。注重行为研究的心理学家代表是美国的华生和斯金纳。

拓展阅读

有趣的实验

心理学家做了一个实验，把同一窝生下的两只健壮的羊羔安排在相同的条件下生活，唯一不同的是，一只羊羔边拴了一只狼，而另一只羊羔却看不到那只狼。前者在可怕的威胁下，本能地处于极其恐惧的状态，不吃东西，逐渐瘦弱下去，不久就死了。而另一只羊羔由于没有狼的威胁，没有这种恐惧的心理状态，所以，一直生活得很好。这个实验表明：身体与心理存在着密切的关系。人与动物有着许多相似性，这也间接地说明，人也是通过自己的大脑对外界环境刺激进行信息加工，并按其信息量的大小和性质做出反应的。

《三国演义》中有两个小故事：一个是诸葛亮三气周瑜。周瑜血气方刚，机智超凡，但气量狭小，难于容人。诸葛亮抓住了他的心理上的致命弱点，巧设计谋，断送了他风华正茂的生命！另一个故事讲的是刘备兵败，赵云怀抱刘备的儿子突出重围，到长坂桥由张飞接应。张飞手执长矛，对着追赶来的百万曹兵大吼一声："谁敢与我决一死战！"喊声未已，曹军夏侯杰吓得肝胆俱裂，死于马下。这些文学作品中的精彩片段也形象地说明了身体与心理息息相关，不可分割。

因此，人在一定的生活环境中构成了一整套影响心理平衡和适应活动的因素，并逐渐形成了一套相对稳定的心理活动方式和行为模式。当生活情景发生异常时，人的心理活动方式必须做出相应的调节来适应失调现象，但这不是每个人都能做到的。如果不能在自己的心理活动方式、行为反应上做出相应的改变，势必会出现失调现象，从而引起心理机能紊乱，诱发心理疾病、行为失当等。

任务三　心理发展的年龄特征和基本规律

人的发展与一切事物的发展一样，是一个由量变积累到质变而不断成熟的发展过程，是量变与质变的统一。人的发展分为身体的生长发育成熟、心理的发展完善，身心两方面发展各有其内容，二者互相联系、互相制约，在一定的社会条件下构成了人的和谐发展面貌。心理学的主要研究任务是探明人的心理发展过程、揭示其发展的基本规律、阐述不同时期的典型心理特征。

一、心理发展阶段的划分

心理发展阶段是指按一定的标准，将个体心理的发展过程划分为各个以不变顺序相继出现的、有着质的差异的确定时期。例如，以智力发展作为划分标准的有瑞士心理学家皮亚杰将心理发展分为感知动作阶段、前运算阶段、具体运算阶段、形式运算阶段，这是以思维发展为基础划分的四阶段；以个性发展特征为划分标准的有艾里克森对人格发展的阶段划分；以活动特点为划分标准的有艾里康宁和达维多夫，他们把心理发展按活动来划分；以年龄为界线，将心理发展过程分为不同时期的有我国儿童心理学家朱智贤先生，他将儿童的心理年龄阶段划分为六个时期。

心理学研究表明，人的发展在不同时期往往会表现出特定的发展内容、速度和水平，心理学家们就根据某些特定时期的特有特征，将心理发展过程分为不同时期：儿童时期(0～18 岁)、成年时期(18 周岁以后)，每一时期又分为不同的发展阶段，下面重点介绍朱智贤对儿童时期年龄阶段的划分。

根据我国儿童心理学家朱智贤的儿童心理学理论，儿童时期心理发展可分为六个年龄阶段：乳儿期(出生～1 岁)、婴儿期(1～3 岁)、学龄前期或幼儿期(3～6 岁)、学龄初期或童年期(6～12 岁)、学龄中期或少年期(12～15 岁)、学龄晚期或青年初期(15～18 岁)。

儿童心理发展水平有一个随年龄增长而不断提高的总体趋势，对于心理年龄阶段的划分，是在时间维度上找到了儿童心理发展与年龄的对应关系(非因果关系)，这对于认识和把握儿童心理发展的特点和规律十分重要。

依照儿童年龄阶段划分的理论，在对各个阶段儿童心理发展的研究中形成了多门应用心理学专门学科，如学前儿童心理学、小学儿童心理学、中学生心理学、青年心理学等。通过学习和研究各阶段儿童的心理，可以清楚和准确地认识儿童心理发展的基本特征，对于儿童的家庭教育、教师和教育工作来说都具有特别重要的意义。

二、儿童心理发展的年龄特征

(一)年龄特征的概念

儿童心理发展的年龄特征是在一定的社会和教育条件下，在儿童心理发展的各个不同年龄阶段中发展形成的一般的、典型的、本质的心理特征。

儿童心理的年龄特征是从众多具体的、个别的儿童心理发展事实中总结概括出来的，所以代表着某一个阶段儿童应达到的正常发展水平，是一般的、典型的、本质的心理特征，如婴儿时的直觉行动思维特征，儿童以“好人”“坏人”为两极标准的品德萌芽期，幼儿时的具体形象思维特征等。

(二)儿童心理发展年龄特征的特点

儿童心理发展同生理发展一样，有其自然规律，要经历从低级到高级、由简单到复杂、由量变到质变的过程，在一定社会与教育条件下，各个年龄阶段的心理发展量变过程是持续和相对稳定的，所以儿童心理发展的年龄特征具有持续性和稳定性。

心理发展的年龄特征既有相对稳定性，又有一定程度的可变性。由于有机体生理发育具有相对稳定的程序，在一定的社会教育条件下，儿童心理发展总是表现出相对的稳定性。心理发展的相对稳定性，是指同一个年龄阶段的大多数儿童总体上处于相当的发展水平，表现基本相似的心理特点，如幼儿期儿童思维发展总体表现出以具体形象思维为主的特点；儿童心理各个发展阶段的进程顺序是不能跨越也不能颠倒或逆转的，心理发展速度是相对平稳的；儿童掌握知识经验有一定的程序性，大多数儿童花费的时间差不多。但由于时代和社会的发展、变迁，教育条件发生改变，儿童心理发展的外部环境不同，心理发展的年龄特征也会出现变化，具有一定的变化性。心理发展的可变性，是指在某一个阶段出现的年龄特征可因特殊的条件而提前或延迟，或发展速度变化等。但这种变化不是心理发展方向的根本性改变，而是在发展水平、速度等方面存在差异，所以要正确理解心理发展的年龄特征的稳定性和变化性的关系，不能绝对化。

（三）儿童心理发展的基本规律

儿童心理发展是有规律的，主要表现为发展的顺序性、阶段性、不平衡性、个别差异性。

儿童心理发展的顺序性是指人从出生到长大，身心都表现出按一定的顺序发生积极的改变、不断提高的倾向，具体的表现为身心从低级向高级、由简单到复杂的连续变化过程。如儿童的记忆是从无到有、从简单的机械记忆发展到意义记忆；思维总是从直觉行动思维过渡到具体形象思维，再发展到抽象思维。儿童教育就要由易到难、由具体到抽象，循序渐进，不可“陵节而施”或“揠苗助长”。

儿童心理发展的阶段性是指儿童心理发展到某个年龄阶段时，会出现一些同龄孩子的共同性典型特点。如 3～4 岁时儿童都出现了口头表达水平快速提高的特点，所以此时被看作是儿童口头言语能力发展的关键期。

儿童心理发展的不平衡性是指心理发展的同一个方面在各年龄阶段里发展速度不均衡，也表现为心理的不同方面在各个年龄里发展的不均衡。如儿童的抽象思维在学前期发展较缓慢，到小学三、四年级时出现加速发展的趋势；感知觉在学前期就达到了较高发展水平，而性格特征则要在青年早期才基本形成等等。

儿童心理发展的个别差异性是指遗传、环境、教育等方面的差异导致了儿童发展在多方面出现个体的独特性。比如学习过程中，有的人对公式记忆准确而深刻；有人对年代记忆准确；有人则对事件的经过和每一个细节都能精准描述；有的人则记得很快忘得也快；当然也有人对学习内容记不住，但对影视明星的一点一滴信息都了如指掌；对一件案件的犯罪嫌疑人，有人痛恨，有人可怜；对一场交通事故，有人挤着凑热闹，有的人远远躲开。而在孩子中，有的孩子胆大、勇敢，有的孩子安静；男孩往往比较喜欢各种车，女孩比较喜欢各类娃娃等等，都是心理个别差异性的表现。

儿童心理发展的规律表明，心理发展有其特定的轨迹，各个时期的教育要充分关注本阶段儿童的基本特征，确定合理的发展目标和教育策略，有针对性地采取措施，引导儿童心理由现有水平向更高水平发展。

拓展阅读

心理发展年龄特征的相关概念

关键期

关键期的概念源于奥地利生态学家劳伦兹在研究小动物发育的过程中提出的“刻板印象”。这一现象是指小动物在出生后一个短时期内，具有很容易形成认识的本能反应，例如，把出生后最先看到的对象当作“妈妈”，总是追随并喜欢接近“妈妈”，当“妈妈”消失时会发出悲鸣。刻板印象只在小动物出生后的短时期内发生，劳伦兹把这段时间称为“关键期”，关键期的时间是有限的。后来，心理学家们将这一个概念引入到儿童心理研究中来，形成了儿童心理发展的“关键期”。

儿童发展的“关键期”又称“敏感期”“最佳期”，是指儿童身体或心理的某一个方面机能和能力最适宜形成的时期。一般来说，在关键期对个体的某一个方面开展教育和训练，可以快速获得最佳效果。例如，孩子第4～6个月是吞咽咀嚼关键期；2.5～3岁是被家长立规矩的关键期；3～4岁是口头语言发育的关键期，也是计数发展的关键期；4岁以前是形象视觉发展的关键期等。

转折期

儿童心理发展的速度总体上来说是相对稳定的，但不等于始终是匀速的。在儿童心理发展的两个阶段之间，有时会出现心理发展在短期内突然急剧变化的情况，这一个时期被称为儿童心理发展的“转折期”。比如，儿童从家庭进入幼儿园的时候，即从先学前期向学前期过渡的时候，或儿童从幼儿园到小学的时候，心理和行为都可能处于明显的转折期。

由于儿童在心理发展的转折期常常出现对成人的反抗行为或各种不符合社会行为准则的表现，所以也有人把儿童心理发展的转折期称为危险期。

最近发展区

“最近发展区”是由苏联心理学家维果茨基研究并提出的理论。这一个理论体现了“良好的教学应走在发展前面”，而不是“教学是充当发展的尾巴的，发展总是走到教学的前面的”。

维果茨基的研究表明：教育对儿童的发展能起到主导作用和促进作用，但需要确定儿童发展的两种水平：一种是已经达到的发展水平；另一种是儿童可能达到的发展水平，表现为“儿童还不能独立地完成任务，但在成人的帮助下，在集体活动中，通过模仿，却能够完成这些任务”，这两种水平之间的距离，就是“最近发展区”。也就是说，最近发展区是儿童在有指导的情况下，借助成人帮助所能达到的解决问题的水平与独自解决问题所达到的水平之间的差异，实际上是两个邻近发展阶段间的过渡阶段。把握“最近发展区”，能加速学生的发展。

维果茨基的“最近发展区”，主要是就智力而言的，其实在学生心理发展的各个方面都存在着“最近发展区”，教师应该围绕“最近发展区”开展教育教学的研究和创新活动，通过多种活动和载体给儿童表现和发展的机会，让每个孩子获得从现有水平达到更高发展水平的可能，最近发展区教学如图 1－3 所示。

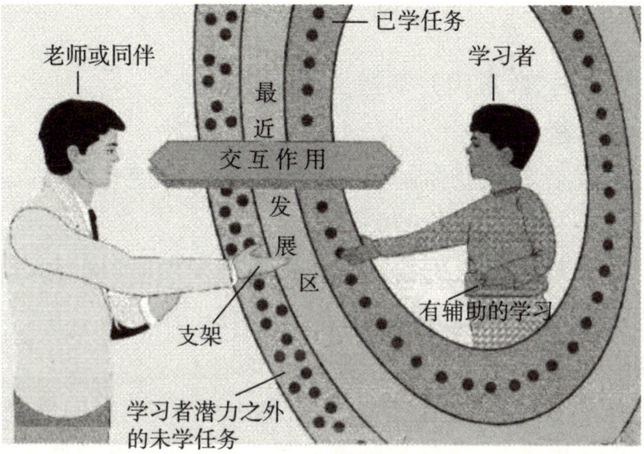

图 1－3　最近发展区教学

本章知识点小结：

1. 心理发生与发展

个体心理发生于脑，包括了心理反映的内容、心理发生机制、心理活动过程、心理的机体表现。心理发展是在人的实践活动中心理不断积极变化，水平螺旋提升。

2. 心理的外在表现

心理通过言语和非言语形式表现出来，人们通过观察和分析心理的外在表现可以了解他人的内在心理活动。

3. 心理与行为的关系

心理现象通过行为反应系统表现出来，人的行为受心理支配。行为不同于心理，但又和心理有着密切的联系。

4. 心理发展的年龄阶段和年龄特征

朱智贤将儿童(含青少年)心理发展分为六个阶段：乳儿期(出生～1 岁)、婴儿期(1～3 岁)、学龄前期或幼儿期(3～6 岁)、学龄初期或童年期(6～12 岁)、学龄中期或少年期(12～15 岁)、学龄晚期或青年初期(15～18 岁)

儿童心理发展的年龄特征是在一定的社会和教育条件下，在儿童心理发展的各个不同年龄阶段中发展形成的一般的、典型的、本质的心理特征。

年龄特征具有相对稳定性和可变性。

5. **儿童心理发展的规律**

儿童心理发展具有顺序性、阶段性、不平衡性和个别差异性。

课外学习

一、复习与练习

(一)复习

阅读本课题教材内容,巩固并掌握主要知识点。

(二)思考与练习题

1. 什么是心理发展?说说你是如何理解心理积极变化的?
2. 举例说明心理现象与行为的关系。
3. 什么是年龄特征?说说朱智贤对儿童心理发展阶段的划分内容。
4. 儿童心理发展表现出哪些规律性?对教育工作有何启示?

二、案例分析

1. 在一口不深的水井里,生活着一条鱼和一只青蛙,它们俩是好朋友,都想出去看看。青蛙除了坐井观天,还经常跳到井外,去看看外面的精彩世界。鱼十分羡慕,请求青蛙讲一讲井外的新鲜事。

青蛙在外面周游一番回来了,它告诉鱼:"外面有许多新奇有趣的东西。比如说牛吧,它的身体很大,头上长着两只弯弯的犄角,以吃青草为生,身上有着黑白相间的斑块,肚子的下面长着四只粗壮的腿……"鱼听着听着,这时,在它的脑海里,出现了"鱼牛"的形象。

请用心理学知识分析说明鱼的心理。

2. 新来的杨老师带中三班快三周了,她发现班上有位叫胡景琦的小朋友在上课或参加活动时每次都积极举手回答问题,但经常站起来又不说话,或者回答不正确。老师不叫他回答时他就站起来,甚至一直喊"杨老师""杨老师",直到老师注意到他。杨老师很犯难,对这种情况要怎么处理呢?

请你分析胡景琦小朋友的行为表现的是怎样的心理?帮杨老师提出处理建议。

三、课外阅读建议

(一)图书馆借阅

每人在图书馆借阅 1～2 本心理学书或相关刊物,认真学习与本章相关的内容,并做读书笔记。

(二)互联网学习

1. 利用搜索工具从互联网获得与课程相关或自己感兴趣的心理学知识进行

学习和讨论，增加对心理学的了解，拓阔知识面。

2. 学习职教云课程资源。

四、实践活动

尝试进行自我心理活动分析，找出自己心理的主要特征、优点与不足，提出自我发展和改善方案。

第二单元　学前儿童心理学知识

课题四　学前儿童心理学基础知识

课题概要：

本课题简要阐述了学前儿童心理学的含义、研究的对象和内容，学前儿童心理学的发展历程和主要流派，学前儿童心理学的学科性质与地位，使学生对于学前儿童心理学学科有一个基本认识。

学习目标：

1. 理解并掌握学前儿童心理学的含义、研究的对象和内容，对学前儿童心理学形成初步认识。

2. 了解学前儿童心理学的发展历程、主要流派的理论和代表人物，对学科有较全面的理解和认识。

3. 了解学前儿童心理学的性质与地位，明确学习学前儿童心理学的专业意义，树立掌握好专业基础理论知识的信心。

现象分析：

1. 婴儿在4～5个月大的时候会出现"认生"现象，分析说明原因。

2. 3、4岁的幼儿最爱问"为什么"，而且常常表现出"打破砂锅问到底"的行为。

任务一　学前儿童心理学的定义、研究对象和内容

案例导入

新星幼儿园中班汪老师反映，有个叫徐然然的小朋友，上幼儿园以来都极少主动与老师和同伴交流，回答问题时总是小心翼翼地、一字一顿地说，语句不连贯，经

常不能说出完整的句子。带班老师经过与家长沟通得知，在孩子刚开始牙牙学语时，父母很兴奋，天天没事就逗着孩子玩，可到孩子两三岁时，他们以为孩子已经会说话了，就不再多花时间与孩子相处和交流了，任孩子自然生长，放任自流。一年后发现孩子与其他同龄孩子相比，语言能力出现了明显的发展差异。

案例中幼儿为什么会出现这种状况？说明了什么？

观点：2～3 岁时儿童的说话能力发展很快；儿童的说话能力提高是要有良好的语言环境和培养、引导的；在某些关键时期，如果没有及时采取教育措施会导致儿童发展水平停滞或滞后。

一、学前儿童心理学的定义

从上述的案例分析中可发现：1. 从出生到 3、4 岁是儿童口头言语能力从量变到质变的重要发展时期；2. 儿童的口头言语能力发展是需要适当的环境和教育引导的，否则会受到制约。心理学研究表明 3、4 岁是儿童的口头言语能力发展关键期。

儿童出生后，随着年龄增长，身心在不断发展变化，在各个年龄阶段里都有着特定的发展内容，表现出不同的特征。如，儿童满周岁时，虽然走路还很不稳，摇摇晃晃的，但却坚持要自己到处走，到处钻，不顺从成人的指挥；3 岁儿童常常表现出各种反抗行为或执拗现象，一般来说，3 岁儿童对成人的任何指令都爱说“不”“偏不”，以示反对。有个孩子听到妈妈说：“你是好孩子。”他说：“不，我不是好孩子。”7 岁左右儿童也常常出现心理平衡失调现象，情绪不稳定。学前儿童心理学则通过运用多种科学手段和方法，找出心理发展过程的特点，比如，运用横向研究，在同一时间对某个年龄组或几个年龄组的儿童的心理发展特征加以观察，并进行记录、统计分析和归纳，求出某种心理水平的代表值，或求出几个年龄组儿童的代表值并加以比较；运用纵向研究，对一个或一组儿童进行定期的系统的随访观察（即追踪），对儿童各个时期身心发展的水平和特点进行探索，揭示儿童心理发展各个时期的特征和规律。

所以，学前儿童心理学是研究从出生到进入小学前儿童心理发生和发展特点，并揭示其变化规律的科学。

通过儿童心理学家和广大儿童教育工作者的努力探索、归纳、总结，现代社会的学前心理学已建立起了有关学前儿童心理发展的系统性科学理论体系，为家庭对儿童的合理养护和教育、学前教育机构的科学保育和教育，提供了理论依据与指导，为促进学前儿童身心健康与和谐发展发挥了重要作用。

二、学前儿童心理学的研究对象

前文提到，我国儿童心理学家朱智贤先生将儿童心理发展划分为六个年龄阶段:乳儿期(出生～1岁)、婴儿期(1～3岁)、学龄前期或幼儿期(3～6岁)、学龄初期或童年期(6～12岁)、学龄中期或少年期(12～15岁)、学龄晚期或青年初期(15～18岁),儿童心理研究基本上是依据儿童心理年龄阶段划分并针对不同时期的心理特征展开的;学前儿童也是一个广义上的概念,包含了乳儿期、婴儿期、幼儿期的儿童。所以,学前儿童心理学的研究对象就是从出生到6岁的学前儿童心理发展现象和一般的规律。

在儿童入学前的整个时期内,乳儿期是以乳汁为主要食物的时期,也是发展最快的一个时期,身体的生长发育和心理发展都很明显,被称为人生"第一生长高峰"。婴儿期也称先学前期幼儿前期,是学前儿童发展形成人类心理特点的重要时期,儿童在乳儿期发展的基础上,逐步学会了说话、走路,情绪情感出现了分化,产生了思维,也有了最初的独立意识和个体个别性特点。3岁后的幼儿期则是学前儿童心理发展水平迅速提高的阶段,认识过程的各方面能力提高明显,情绪情感进一步分化和丰富,交往和活动范围的扩大促进了社会性的发展。

所以,学前儿童心理学的研究对象是学前儿童(出生～6岁)心理发生、发展特点和变化规律。通过对从出生到幼儿末期儿童心理发生、发展表现和趋势的分析、总结、归纳,形成对学前儿童在不同年龄发展阶段特征的一般性认识,揭示儿童心理变化与形成的规律。

学前儿童心理学在重点探讨儿童在各个不同年龄阶段的心理发展表现和主要特征、揭示儿童心理变化规律的过程中,也会关注儿童身体生长发育水平以及身体生长发育与心理发展的关系,研究环境、教育与儿童心理发展水平之间的关系,使学前儿童心理学的理论建设更加科学和完整,并形成指导学前教育实践的重要理论。

三、学前儿童心理学的研究内容

学前儿童心理学作为一门应用性学科,其研究内容是由学科性质和研究对象决定的。通过系统探索学前儿童心理活动的现象,总结出对儿童心理发展的规律性认识,并形成科学的学前儿童心理学理论,有利于指导学前儿童的健康发展和开展学前教育。

学前儿童心理学的具体研究内容主要围绕以下几个方面展开。

(一)学前儿童心理发生、发展的过程

通过运用观察、实验等科学方法探索从出生到进入小学前儿童心理中的认知、情感和意志、个性心理各种活动发生的机制、时间节点、表现形式,形成对儿童心理现象从无到有、从简单到复杂、从低级到高级的系统认识。个体心理现象的发生、发展是学前儿童心理学研究的重要内容。

(二)揭示并描述学前儿童心理发生发展的普遍规律

学前儿童心理的发生与发展遵循着一定的顺序和趋势,具体来说表现在以

下三个方面：一是学前儿童心理的发生是从无到有的，发展过程表现出从简单、低级、具体、零散、被动式的心理活动向复杂、高级抽象、体系、主动的心理活动过渡的趋势，例如学前儿童语法结构的获得，遵循从单字句到双词句，再到简单句和复合句的发展模式；二是同一年龄的学前儿童心理发展的水平和特征大体相同，表现出相似性，但个体之间又普遍存在着差异性；三是学前儿童心理的发生、发展过程要受到遗传、环境、教育等因素的影响，而这些因素所发挥的作用也是有规律的。

（三）分析和解释学前儿童心理发展的个体差异

儿童发展经历的阶段、发展变化的模式是相同的，但每个儿童发展的速度、最终达到的水平、各种心理过程和行为特点并不相同。

（四）揭示学前儿童心理发展的原因和机制

对心理发展原因的机制的揭示，不仅有利于我们更好地遵循儿童心理发展的规律，而且使我们对儿童心理发展的培养与干预有了科学的依据。

（五）提出帮助与指导儿童发展的具体方法

通过对儿童早期各种现象的探讨，可以提出有助于儿童形成良好品格和健康心理发展的方法。

拓展阅读

儿童发展及其影响因素

儿童发展包括生理发展和心理发展两方面，是儿童生理成熟与其个体心理品质形成与变化的复杂过程。其中，生理成熟是指儿童个体作为一个生物体，生理结构的持续变化和生理机能水平的发展提高过程，是一种纯粹的生物性演变过程。个体心理品质的产生和形成过程，则是以个体的生理成熟为基础，心理的各个部分随儿童年龄的增长，由无到有、由低级到高级、由简单到复杂的逐渐演化的过程。生理机能是人的心理品质和行为表现的内部生理机制，如只有大脑生长发育到一定程度，具备了神经连接和协同反映的机能，儿童才能进行思维活动。

人作为一种生物体，有着种族生长变化的生物学特点和规律，这是遗传素质的作用；而人是社会的个体，其发展变化要受到多种社会因素的制约和影响，这是人作为生物性个体与一定社会环境条件相互作用的结果，要受到人类社会发展阶段特点和水平的制约，表现出显著的社会性。所以儿童发展是儿童随其年龄增长，身体和心理持续变化和不断完善的过程。儿童发展的水平要受到遗传物质、生理成熟等生物因素和社会因素的影响，当然儿童自身的主观能动作用也是非常重要的。

任务二　学前儿童心理学的学科性质和作用

一、学前儿童心理学的学科性质

学前儿童心理学主要是研究0～6岁儿童的心理发生、发展及变化规律的。依据科学心理学的学科分类，学前儿童心理学是心理学科学的一个组成部分，属于应用心理学的一个分支学科，所以它与心理学具有同质性，是一门既具有自然科学属性又具有社会科学属性的中间学科或交叉学科。

在学前教育专业人才培养的课程结构中，学前儿童心理学是必修的专业基础理论课，本课程的学习可使专业人才提升必要的专业理论素养，形成对专业工作特征的初步认识并培养一定的专业技能。

二、学前儿童心理学的作用

发展心理学是研究人从出生到死亡的整个生命周期中，心理发生、发展的趋势和规律的学科，学前儿童心理学则是发展心理学的一个组成部分，主要研究0～6岁儿童的心理发生、发展及变化规律，揭示和描述儿童心理发展过程中的共同特征与行为模式，分析影响心理发展的因素，揭示心理发展的内在机制，为人类认识心理实质、心理现象的发展与变化规律提供视角，为学前教育实践提供科学依据和理论指导。

具体来说，学前儿童心理学研究的作用表现在以下两个方面。

(一)促进心理科学理论的发展和完善

个体的心理特征不是与生俱来的，而是在先天基础和后天各种因素的共同作用下，随个体生理的发展与成熟而逐步形成的。而个体心理现象的发生、发展又是按一定的顺序和方向有规律地实现的，且不以人的意志为转移。所以，学前儿童心理学对从出生到入学前儿童心理现象发生、发展过程的系统观察与归纳，运用科学的技术手段探索并揭示心理发生的内在机制，分析影响儿童心理发生发展的各种因素，总结提出儿童心理发展的年龄特征和基本规律，极大地促进了学前儿童心理学理论体系的建立和完善，也丰富了心理学科的研究内容。

(二)促进学前教育实践的发展和质量提高

在当代社会里，由于科学技术的迅猛发展对人才水平要求不断提高，培养人才的教育事业也就受到更广泛的重视，学前教育在此背景下也得到了极大的发展。学前儿童心理学的理论研究成果在学前教育实践中得到了广泛应用，产生的社会效应表现在下列四个方面。

1. 推动了学前儿童早期教育的发展

自出生后儿童心理就随其生理发育和年龄增长而不断发展着，而儿童心理学研究证明，丰富的环境刺激、适当的教育引导能起到提高儿童心理发展速度和水平的作用。因此20世纪60年代以来，重视和大力发展儿童早期教育成为世界潮流，各国已将学前教育纳入国民素质教育体系之中。

2. 为学前教育实践提供了理论支撑

学前儿童心理学对儿童早期心理发生发展过程及规律的研究和揭示，让家长、学前教育实践工作者能较准确地把握儿童心理的特征和发展变化规律，在实施教育的过程中能更科学、高效地开展教育引导，更好地促进儿童生理发育和心理发展，提高了家庭教育的实效和学前机构教育的质量。

3. 为保护学前儿童的心理健康提供支持

家长和学前教育工作者了解学前儿童心理发展的特点和规律，有利于形成科学的儿童观，摒弃错误和落后的观念，认识到学前期是人生身心发展的关键期，要给儿童提供安全、健康、丰富的生活和学习环境，保护儿童的心理健康，促进学前儿童身心和谐发展。

4. 为学前教育专业人才培养、教师专业成长构建了科学理论基础

对学前教育专业人才的培养来说，学前儿童心理学研究和描述了儿童认知、情感、意志、个性等方面的发展特征，揭示了学前儿童在生活、游戏、学习过程中的心理特点，能帮助专业人才理解和掌握儿童在这些活动中的心理，提高专业人才的专业素养。对在职专业工作者来说，学习和运用学前儿童心理学的理论，研究教育实践中儿童心理发展表现，并科学地解决实际工作中的问题，是其专业发展和保教工作水平提升的重要途径。

任务三 学前儿童心理学研究的主要流派

人类很早就开始关注心理现象，古代社会时期的柏拉图、亚里士多德、蒙田、卢梭、康德等都曾阐述过对儿童教育的看法。

但学前儿童心理学作为独立学科出现则是在近代史上。1882年德国生理和心理学家普莱尔完成了专著《儿童心理》，这是心理学史上第一部用观察和实验的方法研究儿童心理发展的系统的、科学的著作，它为儿童心理学的科学发展奠定了基石，此书的出版也被看作是儿童心理学诞生的标志。此后，随着心理科学的发展和更广泛的应用，学前儿童心理学的研究也受到了普遍的重视，并不断出现了各种新研究成果，下面着重介绍几种在儿童心理学发展历史上产生深远影响的理论流派。

一、成熟势力学说

(一)代表人物

美国心理学家格塞尔。

(二)代表性研究活动

双生子爬楼梯实验

(三)主要理论观点

简称成熟论,由格塞尔和他的同事在研究儿童的神经运动发展特征的过程中提出。格塞尔的主要理论源于其1929年所做的双生子爬楼梯实验。他挑选了一对未满周岁的双胞胎兄弟T和C作为被试,用爬楼梯训练进行实验,以便观察儿童神经运动能力的发展。实验的过程是让T在48周时先进行爬梯子训练,每天10分钟,持续训练6周;C在第53周时开始训练爬梯子,也是每天训练10分钟,结果2周后爬梯的水平就与T相当。此外,他又用双生子进行了玩积木和球、学习词语和数字等实验,结果都出现了类似的情形。经过大量观察,格赛尔提出了多方面的儿童行为发展的原则,最核心的是个体成熟原则。

格塞尔通过多方面实验证明:个体的发展取决于成熟,即儿童行为发展的核心是成熟水平,在儿童未成熟前存在一个准备状态,其实质是个体生理机制由不成熟向成熟过渡的阶段,此时儿童的学习能力尚未形成,如果提早让他们学习某种技能,很难取得预期的学习效果。以此为基础,格塞尔提出了自己的教育观点:成人不要认为孩子成为怎样的人完全是自己的责任,也不要抓紧每一分钟去"教育"孩子;学会欣赏孩子的成长,观察并享受孩子在每一周、每一月出现的发展新事实;尊重孩子的实际水平,在其尚未成熟时耐心地等待;不要总想"下一步应该发展什么了",而是要让孩子充分体验每一个发展阶段应有的乐趣。

(四)评价

格塞尔的成熟势力学说强调了成熟机制对于儿童发展的重要性,提示了儿童研究和教育工作者要尊重儿童的成长规律,家长应与孩子一起成长,并与儿童一起体验每一个发展阶段的乐趣与烦恼;教育不可急功近利,否则会导致儿童成年后的失落,甚至引发心理问题。格塞尔成熟势力学说的缺陷在于过分夸大了生理成熟在发展中的作用,忽视了儿童心理发展中的其他条件及作用。

二、精神分析理论

(一)代表人物

奥地利著名的精神病医生和心理学家弗洛伊德(如图2-1)、美国新精神分析学代表人物埃里克森。

图 2-1 精神分析学派创始人——弗洛伊德

(二)代表性研究活动

弗洛伊德从精神动力学和精神分析的角度对儿童的心理和行为进行分析和描述;埃里克森则有所不同,主要从有机体成熟、自我成长、社会关系的相互作用上分析儿童心理发展。

(三)主要理论观点

弗洛伊德是精神分析学派的创始人,他的人格理论将人格划分为本我、自我、超我三个部分;创立了心理性欲发展理论,第一次从精神动力学和精神分析的角度对儿童的行为和心理进行分析和描述,提出了儿童心理性欲发展的五阶段理论:口唇期、肛门期、性器期、潜伏期、生殖期。概括了各个阶段儿童心理发展的行为特征(见表 2-1)。

表 2-1 弗洛伊德的心理性欲发展的五阶段理论

阶段名称	年龄	阶段特征描述
口唇期	0～1 岁	主要靠口腔部位的吸吮、咀嚼、吞咽等活动获得原始欲力的满足,婴儿的快感也多来自口腔活动。此时期的口腔活动和需要如果没有得到满足,可能会导致其形成紧张和不信任的人格特征;而过度满足则可能会形成依赖和纠缠的人格特征
肛门期	1～3 岁	此阶段儿童的原始欲力满足位置主要在肛门区域,大小便排泄时的轻松和快感,让儿童体验到了操纵和控制的作用。此时儿童卫生习惯的训练非常重要,训练时营造好的氛围很关键,训练过早或过于严厉,可能会造成其成年后过分地爱整洁或对人小气、吝啬

（续表）

阶段名称	年龄	阶段特征描述
性器期	3～6 岁	儿童获得快感的方式主要通过刺激性器官。此时的儿童爱触摸自己的性器官，能分辨性别，出现了恋父情结或恋母情结，并对同性的父母产生敌对情绪
潜伏期	6～11 岁	6 周岁之后，儿童的兴趣范围扩大，感情由对父母转移到对周围的事物及游戏、交往、学习等活动上，并从中获得各种行为规范和社会价值观，原始欲力的发展进入潜伏期
生殖期	11 岁以上	此时儿童进入青春期，12、13 岁时，生理上性器官发育成熟，两性差异开始显著，性的力比多大量增加，性冲动多表现为对异性的追求，有了性生活的理想，也开始产生爱情、婚姻的意识，儿童的性心理趋向成熟

美国心理学家埃里克森是新精神分析学派的重要代表人。对于人格的发展，他提出的理论主要是：人格发展包括了有机体成熟、自我成长、社会关系三个不可分割的过程，要经受内外部的一切冲突。他将人格的发展按有机体的成熟程度分为八个阶段：①婴儿期（0～1.5 岁），心理冲突表现为基本信任对不信任；②儿童早期（1.5～3 岁），心理冲突表现为自主对害羞和怀疑；③学龄初期（3～6 岁），心理冲突表现为主动对内疚；④学龄期（6～11 岁），心理冲突表现为勤奋对自卑；⑤青春期（12～18 岁），心理冲突表现为同一性对角色混乱；⑥成年早期（18～25 岁），心理冲突表现为亲密对孤独；⑦成年中期（25～65 岁），心理冲突表现为繁殖对停滞；⑧成年晚期（65 岁以后），心理冲突表现为自我完善对失望感。

（四）评价

精神分析学派的创始人弗洛伊德所提出的儿童心理发展理论，认识到了潜意识中性本能是心理的基本动力，强调了性的能量——力比多早期的变化对人格发展特征和心理生活的决定作用，为研究和认识儿童的心理和行为提供了新的视角。但弗洛伊德的理论趋向了泛性论，过于夸大了性本能在心理发展中的作用。

代表新精神分析学派的埃里克森与弗洛伊德不同，他强调了人格发展中自我成长与社会环境的相互作用，重视家庭、社会对儿童教育的作用；同时他增加了成人期的三个发展阶段，把发展延伸到个体整个生命历程，对心理发展给出了新的解释，也将精神分析学说的发展观提升到了一个新的高度。

三、行为主义学派

（一）代表人物

美国的心理学家华生、斯金纳、班杜拉。

(二)代表性研究活动

1. 开展实验和观察

行为主义学派重视实验和观察的客观研究方法，用实验法代替内省法，巩固了实验心理学的方法学基础，突出了心理学的科学性。客观方法有四种：第一，不借助仪器的自然观察法和借助于仪器的实验观察法；第二，口头报告法；第三，条件反射法；第四，测验法。斯金纳则属于新行为主义心理学，他只研究可观察的行为，试图在刺激与反应之间建立函数关系，认为刺激与反应之间的事件不是客观的东西，应予以排斥。斯金纳认为，可以在不放弃行为主义立场的前提下说明意识问题。

2. 开发教学机和程序教学

新行为主义者斯金纳等人重视采用自变量、因变量以及函数关系等精确科学的术语和方法来表达环境、遗传、生理和行为之间的关系，出现了心理学规律和原理原则的公式化、方程化、程序化和图示化，并设计了程序教学，开发了教学机，这一种思想为计算机模拟心理规律做了思想上和技术上的准备。主张预测和控制人的行为，特别强调社会环境对人的塑造作用，这种观点应用到教育领域，就出现了“环境决定论”和“教育万能论”的主张。

3. 重视儿童心理研究

在美国，心理学应用范围非常广泛，行为主义学派不仅进行动物心理学的研究，使动物心理学成为心理学研究的一个合法领域，而且重视儿童心理学的研究，认为原来主观内省的方法很难适用于儿童心理的研究，大量采用对行为的客观观察和实验研究儿童的心理，从而使儿童心理学迅速发展起来。另外，行为主义学派还注重对学习特别是动物学习的实验研究，并把从动物学习的实验研究中所获得的结论推广到人类的学习之中，从而促使了学习心理学和教育心理学的出现。

行为主义在心理学研究中的这些贡献，促进了心理学研究领域进一步的扩展。

(三)主要理论观点

行为主义产生于20世纪初的美国，主要代表人物有华生、斯金纳和班杜拉等。行为主义学派的研究是美国针对冯特学派理论的不足而进行的一场心理学革命。它一反传统心理学观点，主张对人的行为进行研究，提出心理学不应只是研究人脑中的那种无形的像“鬼火”一样不可捉摸的东西——意识，而应研究从人的意识中折射出来的看得见、摸得着的客观东西，即人的行为。华生将条件反射从生理学引入心理学，提出行为发生的模式是刺激-反应；斯金纳作为新行为主义的代表人物提出了操作性条件反射理论；班杜拉则提出了行为的社会学习理论。他们认为，行为是有机体用以适应环境变化的各种身体反应的组合，这些反应不外乎是肌肉的收缩和腺体的分泌。行为有的表现在身体外部，有的隐藏在身体内部，其强度有大有小；具体的行为反应取决于具体的刺激强度。因此，行为主义者把“S－R”(刺激-

反应)理论作为解释人的一切行为的公式。行为主义理论认为,心理学的任务就在于发现刺激与反应之间的规律性联系,这样就能根据刺激而推知反应,反过来又可通过反应推知刺激,从而达到预测和控制行为的目的。

行为主义学派的主体思想是对19世纪末美国的另一个土生土长的心理学派——詹姆斯的机能主义学派的心理理论观点的进一步发展。行为主义心理学在20世纪20年代发展到高峰,成为从20世纪20年代到20世纪50年代整整30年在美国心理学研究中一直处于统治位置的、在美国心理学史甚至是世界心理学史上都绝无仅有的一大学派。

(四)评价

从20世纪20年代开始到20世纪50年代,行为主义在美国心理学界存在发展的时间长达半个多世纪,并占据着主导地位,是现代心理学中的一个有重大贡献的学派,使心理学真正成为客观的实验心理学,在推动心理学向成熟的科学方向发展上迈出了重要的一步。行为主义在应用心理学上做出了前无古人的创造性业绩和贡献。它开拓了学习心理学、教育心理学、行为矫正等新的研究和应用的领域。

当然,由于时代的局限性,行为主义学派的S-R理论过于强调心理的生物化特征,忽视了人类的社会性特性,阻碍了心理过程的研究。随着时代的进步和科学思想的变迁,支撑行为主义的三大支柱(进化论、机械化生产的社会需要、实证主义思潮)为时代所摒弃之时,也是行为主义在心理学中面临失势之日。只有适应时势的行为主义者如社会学习论和社会认知论者突破了S-R理论的框架,才有所前进。由此可见,心理科学的发展是有规律可循的,它随时代而发展,随内部矛盾的化解而更新。行为主义的兴衰告诫人们,对于心理科学的研究,只有把握好时代的脉搏,正视当前心理学中存在的问题,不断地调整和更新思想、业务,才能有所创造,有所发现,有所发明和前进。

四、发生认识理论学派

(一)代表人物

瑞士著名儿童心理学家让·皮亚杰(1896—1980)。

(二)主要研究成就

1. 提出发生认识论

皮亚杰认为"发生认识论就是企图根据认识的历史、它的社会根源以及认识所依据的概念与运算的心理起源,借以解释知识,尤其是科学知识"。

2. 创立了儿童心理发展阶段的理论

皮亚杰根据自己的研究,将儿童心理发展的过程划分为四个发展阶段:感知动作阶段(0～2岁)、前运算阶段(2～7岁)、具体运算阶段(7～12岁)、形式运算阶段

(12 岁以后)。

皮亚杰一生写下了 60 多本专著、500 多篇论文，曾经到许多国家讲学，获得了诸多名誉博士、荣誉教授和荣誉院士称号。他早期关于儿童思维发展研究的著作有《儿童的语言与思维》(1923)、《儿童的判断与推理》(1928)、《儿童的世界概念》(1929)、《儿童的因果概念》(1930)、《儿童的道德判断》(1930)，基本上都是通过个案调查和测验，对儿童思维做质的分析，是很有特色的作品，为他后续进一步研究奠定了基础。而《智力心理学》(1950)和《儿童心理学》(1969)是两本比较系统的关于儿童心理学的理论著作。他的《儿童智力的起源》(1953)、《儿童的心理意象》(1971)、《儿童逻辑的早期形成》(1964)、《从儿童到青年逻辑思维的发展》(1958)等书分别就各不同年龄阶段儿童思维发展做了深入的研究。他对心理学特别是儿童心理学的科学化与系统化研究，为心理学的发展做出了重大贡献。

(三)主要理论观点

1. 发生认识论的基本观点

皮亚杰根据自己对儿童心理发展的研究，提出了认识的心理发生论。他的发生认识论既反对先天论，也反对学习被动论。

皮亚杰认为认识的心理发生既不是来自先天的遗传，也不是来自对客体的知觉，而是在动作中产生的。在认识发生和发展过程中，主体和客体的相互作用就是同化与顺应，心理发展是主体与客体相互作用的结果，儿童心理发展的实质是机体在和环境不断发生的交互作用中，对环境的适应过程，也是不断打破旧平衡，建立新平衡的过程。由此形成了儿童认识发展的三个核心概念：同化、顺应、平衡。

2. 儿童心理发展的阶段理论

皮亚杰认为，儿童的认知发展由于认知结构水平的不同而表现出明显的阶段特征：第一是儿童心理发展有阶段性；第二是阶段出现的先后次序是恒定不变的；第三是一个阶段的结构是在前一个阶段的结构基础上形成的，形成的结果又为下一个阶段的结构提供条件；第四是每一个阶段都有一个准备期和完成期。他将儿童认知发展的过程划分为四个主要阶段：感知运动阶段(sensorimotor stage)、前运算阶段(pre-operational stage)、具体运算阶段(concrete operational stage)和形式运算阶段(formal operational stage)。

(1)感知运动阶段(0～2 岁)

这一个阶段是婴儿的认知能力初步发展的时期，婴儿靠感觉与动作认识周围的世界。在这一个阶段中，婴儿发展起若干重要的认知概念，其中之一就是所谓的"客体永存性"概念。

(2)前运算阶段(2～7 岁)

这一个阶段的儿童开始学习并逐渐能够熟练地运用符号象征事物，并用符号从事简单的思考活动。皮亚杰把这种通过利用符号进行学习的能力称为符号功能(symbolic function)。在这一个阶段中,儿童思维发展的两个典型局限性特点是思维的片面性和我向思维。思维的片面性指儿童此时的思维有集中于事物的某一个方面而忽视其他方面的倾向。皮亚杰著名的“守恒”(conservation)实验揭示了儿童的这一思维特点。

在前运算阶段,儿童还倾向于从自己的角度出发去看待事物和进行思考。皮亚杰将这一种思维称为“我向思维”和“自我中心”的思考,即儿童认为别人的思考和运作方式应该与自己的思考完全一致,这是儿童还没有意识到别人可以有与自己完全不同的思考方式。皮亚杰认为,当儿童开始认识到这一点时,他们就进入了具体运算阶段。

(3)具体运算阶段(7~12 岁)

儿童在 5~7 岁进入具体运算阶段,这一个阶段发展最典型的标志就是儿童能够运用符号进行有逻辑的思考活动。处于前运算阶段的儿童可以形成对事物的初步符号表征,但他们的认知活动还与身体经验密切相关。而处于具体运算阶段的儿童则在分类、数字处理、时间和空间概念上有了很大的进步。此时,儿童“自我中心”的程度下降,他们开始克服“片面性”而注意到事物的各个方面,发展了了解他人观点的能力,从而增进了自己与他人沟通的能力。

(4)形式运算阶段(12 岁以后)

形式运算阶段的典型特征是抽象思维的发展与完善。这时青少年不再将思维局限于具体的事物上,他们开始运用抽象的概念,能提出合理的假设并进行验证,知道事物的发生有多种可能性,从而使他们的思维具有更大的弹性和复杂性。

(四)评价

皮亚杰在运用多学科理论和方法进行系统研究的基础上,把认识论和心理学紧密结合,创立了发生认识论,引导了认识论的科学研究和理论深化;他在扬弃的基础上提出新的儿童心理发展观:在内因与外因的相互作用中不断发生量与质的变化;划分了儿童认识发展的阶段并概括了阶段特征,极大地丰富和深化了儿童心理学理论,成为发展心理学史上的一个重要里程碑。

皮亚杰的发生认知理论对儿童教育教学有着重要的启示作用。一是适当确定教育目标。如他关于教育目标的确立主张:通过互动情境,发展儿童的自主性;儿童能去中心化、协调各种观点;在学习中发展机敏性、好奇心、主动性和自信。可以将这些目标纳入学校课程中,而不是取代学校课程的目标。二是重视儿童学习过程的自主性。皮亚杰的理论强调“适应发展的教育”观点,即在环境、课程、材料和教学等方面都与学生的生理和认知能力以及社会和情感的需要相适应。所以教育不应该只关注儿童思维的结果,还应关注儿童思维的过程,要重视儿童的自主性、积极参与在学习活动中的重要作用。三是让儿童自主发现。按照皮亚杰的理论，不主张给学生呈现现成的知识，而是鼓励儿童通过自发地与环境进行相互作用，自主地发现知识。因此，教师不进行说教式的教学，而是提供大量各种各样的活动，使儿童在活动中与现实世界直接互动。四是循序渐进。不强调对儿童进行成人化的思维训练，过早地让儿童接受教学容易导致其对成人规则的肤浅接受，而不能达到真正的认知理解。五是承认发展进程的个体差异。皮亚杰理论认为，所有儿童按照相同的发展顺序经过各个阶段，但发展速度不同。因此，教师必须尽力为每个儿童和各个小组安排教学活动，而不是安排全班的活动。在评价上，也应如此。

拓展阅读

三山实验（皮亚杰）

三山实验，是心理学家皮亚杰在儿童心理研究中设计的一个著名的实验。

实验过程：实验首先要求儿童从模型的四个角度观察这三座山，然后要求儿童面对模型而坐，并且放一个玩具娃娃在山的另一边，要求儿童从四张图片中指出哪一张是玩具娃娃看到的“山”。结果发现幼童无法完成这个任务。他们只能从自己的角度来描述“三山”的形状。

实验结论：证明在前运算阶段儿童具有“自我中心”的特点。

液体守恒实验（皮亚杰）

实验过程：实验的开始首先给儿童呈现两杯等量的水（杯子的形状一样），然后把这两杯水倒入不同口径的杯子里，问儿童哪一个杯子的水多（或一样多）。

实验结论：6、7岁以下的儿童仅根据杯子里水的高度去判断水的多少，而不考虑杯子的口径的大小。而6、7岁以上的儿童对这个问题一般都能做出正确的回答，即他们都同时考虑到用水面的高度和杯子口径两个维度来分析杯子里水的多少。

课外学习

一、复习与练习

（一）复习

阅读教材中本课题内容，巩固并掌握主要知识点。

（二）思考与练习题

1. 什么是学前儿童心理学？

2. 结合自己的专业谈谈学习学前儿童心理学的意义。

3. 简要说明皮亚杰儿童心理发展理论的主要内容，并说明你从中受到什么启示。

二、案例分析

1. 科探室总能吸引住孩子们。平平小朋友在玩的时候发现了“躲”在角落里的透明水管和漏斗，“老师，我可以玩这个吗?”他很有礼貌地问我。“你可以试一试，希望你有发现，你可以请两个小助手帮助你。”于是三个孩子在一起组成了“研究小组”，孩子们首先找到了盛水的容器，然后将水一股脑地倒入了漏斗里，没想到许多水都流了出来，平平说:“一定是倒了太多了，等会要慢慢倒。”同伴说:“等会我可以少装点水，这样就不会流在地上了。”看来孩子们发现了水容量和漏斗之间的关系。接着孩子们发现水会顺着管道流下去，最终流到水龙头的部分，他们想着打开水龙头一定会有水出现吧，可是一点水也没有流出来，“这是怎么回事?”我参与到了讨论中，我请孩子们各抒己见说说自己的想法，再请孩子们看看靠近水龙头的水管水覆盖面，这时孩子们有了重大的发现——水面很薄，看来问题是出在这里，“那么，我们再试试第二次，请你们再观察观察水管里水的变化好吗?”这次孩子们是慢慢地将水灌入漏斗里的，大家跟着水流一路向下，“这次水面变‘厚’啦!”孩子们充满怀疑地说:“这次打开水龙头会有水出来吗?”他们打开开关，水慢慢地流了出来，孩子们非常开心自己的实验成功了。

科学领域要求中班幼儿愿意常常动手探索物体和材料，并乐在其中。请对上述案例进行分析，说明中班幼儿的心理特点。

2. 小军是个 3 岁 6 个月大的孩子，十分活泼可爱，父母很喜欢他。可令父母不理解的是:小军无论做什么事情之前从不爱多思考。比如:玩插塑时，让他想好了再去插，而他却是拿起插塑就开始随便地插，插出什么样，就说插的是什么，在绘画或要解决别的问题时也是这样。夫妻俩认为这样不好，便总是要求孩子想好了再去行动，可小军却常常做不到。父母时常为此而烦恼。试问小军父母的态度和行动对吗? 请从儿童思维发展的角度分析小军的这类行为，并为小军的父母提出科学的教育建议。

三、课外阅读建议

(一)图书馆借阅

学生每人在图书馆借阅 1～2 本学前儿童心理学书或相关刊物，加强对儿童心理学的了解，拓阔知识面。

(二)互联网学习

1. 利用搜索工具从互联网获得与课程内容相关或自己感兴趣的儿童心理学知识进行学习和讨论，增加对儿童心理学学习的兴趣和对儿童心理问题探索的能力。

2. 学习本课题职教云课程资源。

四、实践活动

利用课余时间观察一名 3～6 岁儿童，尝试总结其发展特征。

课题五　学前儿童早期心理发展的年龄特征

课题概要：

儿童的心理发展与儿童年龄的增长有着密切的关系。儿童出生后随着年龄的增长，在每一个阶段都有其独特的心理发展内容和水平，不同年龄段的心理发展表现是各不相同的，即有着不同的年龄特征。本课题主要阐述了学前儿童早期（从出生到三岁）发展的心理特征，包括了乳儿期和幼儿前期两个不同的发展阶段。

学习目标：

1. 熟悉乳儿期和幼儿前期儿童心理发展的特征。

2. 初步形成运用学习到的知识认识儿童行为和心理的能力。

3. 建立科学的儿童发展观，形成热爱儿童的情感和理解儿童、尊重儿童的意识。

现象分析：

1."天真快乐反应"：在出生后第二个月末和第三个月初，儿童每当见到熟悉的成人的时候，总是注视着成人的脸，手脚乱动起来，甚至有些微笑的表情，而对其他的人则无此反应。这种行为是人类小儿所特有的，也可以说是儿童最初发生的人与人之间的交际形式或"社会关系"。为了发展儿童的心理，建立新的联系，成人跟儿童多多接触，并且经常引起这种天真快乐的反应，是非常必要的。

2. 当儿童会说话时，常常会强调"我的""我要""我不"等，这种现象说明了什么？

任务一　乳儿期儿童心理发展的年龄特征

学前儿童早期是指儿童从出生到三岁的时期，这一个时期是儿童多种心理活动从无到有的发生阶段，具体可分为乳儿期和幼儿前期。其中乳儿期是指儿童出生后的第一年，即从出生到一周岁；幼儿前期为1～3岁。认识学前儿童早期的生长和发展特征，能帮助了解学前儿童心理发生与变化的过程，理解心理发展的规律，也为学习和认识幼儿期儿童心理发展奠定了基础。

一、乳儿期儿童的生长发育

乳儿期是指儿童出生后的第一年。这一年是儿童身长和体重增长最快的时期，是一生成长过程中的第一个生长高峰期。这一个时期的生长发育和发展可分为新生儿期(从出生到满月)、满月到半岁、半岁到周岁三个阶段。

生长是指体格的增长和器官形态的增大，发育是指细胞组织结构的成熟和生理功能的完善，生长与发育两者关系密切，不能截然分开，故一般统称为生长发育。儿童在乳儿期的生长与发育主要表现在：身长、体重快速增加；各个器官生长发育迅速，且机能不断分化和完善；大脑发育，高级神经系统机能增强。这些为儿童心理的发生、发展提供了前提条件。

(一)乳儿期儿童身长、体重快速增加

足月新生儿的身长约为50厘米。身长增长的规律是月龄越小，增长越快。新生儿第一个月增长最快，一般每月增长3～3.5厘米，到四个月时增长10～12厘米，全年约增长25厘米，因此一岁时身长约为75厘米，达出生时的1.5倍。一岁后增长减慢，全年增长10厘米，因此两岁小儿身长约85厘米，两岁以后增长更慢，平均每年增长5厘米。

乳儿期的特点是体格生长特别快。足月新生儿体重一般在2500～3500克(平均3.1～3.3千克)，出生时体重低于2500克者为未成熟儿，高于4000克为巨大儿。新生儿因多睡少吃，吮乳不足，排泄及无形蒸发水分多等，会出现生后3～5天生理性体重下降的现象，其下降数量可达180～240克，直到生后4～10天才逐渐恢复到出生时的体重，以后迅速增加。头2～3个月时新生儿体重增加最快，每周增加180～200克或每月可增加700～800克，以后体重增加逐渐减慢，在第4～6个月中，每周增加150～180克，周岁时体重相当于出生时的3倍。

(二)器官生长发育迅速

儿童出生后在成人的精心喂养和照顾下，身体各个系统、器官都在持续地发育，各部分的机能也在逐渐增强，如感觉功能开始分化。实验研究表明：出生后第2个月的儿童能够分辨糖水和白水的味道，会分辨小铃和电铃的声音；到第3个月的时候，儿童能分辨红色和黄色、两种不同音高的声音，还能区别咸的、甜的和酸的味道等等。但是总体来说，乳儿期儿童器官发育还未成熟，机能较弱，也不够完善，需要人的精心呵护，也要有充足的营养保障。儿童的快速生长发育对营养素和能量的需要量相对较大，母乳营养丰富，蛋白质、脂肪、糖的比例适当，容易消化、吸收，；母乳中含有优质蛋白质、必需氨基酸及较多乳糖，母乳的钙、磷比例适当，能较好地被婴儿吸收利用，有利于促进儿童的生长发育，所以提倡母乳喂养。

(三)大脑高级神经系统机能增强

神经系统特别是大脑高级神经系统的成熟程度，是进行心理活动的基础。新

生儿出生时，脑重为体重的20%～25%，6个月时为成人脑重的50%，10岁时达90%。出生时脊髓、中脑、桥脑及延髓已发育较好，许多皮层下中枢发育也较早，从而保证了婴儿出生时有较好的循环、呼吸等生命功能。丘脑及下丘脑在出生后数月内发育较快，与体温调节、饥饱等反应有关。乳儿期儿童的大脑皮质较成人薄，各层细胞已开始分化，到3岁时皮质细胞大致分化完成；8岁时已与成人无多大区别。乳儿期脑细胞功能随着年龄的增长和发育日益复杂化，为心理活动的发生和发展提供了条件。

乳儿期儿童由于皮质发育尚不完善，皮质下中枢的兴奋性较高，神经髓鞘形成不全，当外界刺激通过神经传入大脑时，在皮质不易形成一个明确的兴奋灶，兴奋与刺激容易扩散。因此，乳儿期儿童的神经活动不稳定，反应较迟缓，患病时，特别是高热或中毒时，容易出现烦躁、嗜睡、惊厥或昏迷等神经系统症状。

二、乳儿期儿童心理发展的主要特征

（一）新生儿期的发展表现

儿童出生后由胎内安全舒适的环境转向一个变化多端、充满刺激的全新的胎外环境，这是新生儿所面临的巨大变化。刚出生的新生儿必须适应新环境，独立进行维持生命的活动，如自己吸吮乳汁，适应空气和温度的变化，接受外界光和声音等各种各样的刺激。

新生儿的主要特征是适应新生活，适应环境的方式主要是通过无条件反射。新生儿的无条件反射主要有：吸吮反射、觅食反射、眨眼反射、怀抱反射、抓握反射、巴宾斯基反射、惊跳反射、击剑反射、迈步反射、游泳反射、巴布金反射、蜷缩反射等。

新生儿依靠低级中枢实现的本能活动过程，即无条件反射（也叫生来的反射）来适应环境。近来研究发现，该阶段的无条件反射活动有40多种，常见的有20多种。新生儿的动作能力不仅限于这些先天的反射活动，还具有躲避来物和同步模仿与反应等动作能力。

新生儿的无条件反射，大多数会在出生后的几个月里逐渐消失。

儿童的无条件反射是儿童最初学习的基础。无条件反射是一种本能活动，不是心理活动。

新生儿出生后不久，在生活过程中就出现了条件反射，比如当妈妈将其抱成喂奶的姿势时，其就做出主动寻找奶吃的反应动作，即觅食反射。人在后天学会的一切本领，都是条件反射。条件反射的出现，对新生儿适应生活有重大意义，可以说是儿童心理活动发展的开端。

（二）满月到半岁的心理发展特征

从满月到半岁的时期为乳儿早期，随身体的快速生长发育，儿童心理活动各方面的发展也日趋明显，具体表现在以下几个方面。

1. 视觉和听觉迅速发展

满月后，儿童会主动注视目标；2 个月时，儿童能够追随移动的物体，稍大一些，还能够主动寻找视听的目标。如一个漂亮的玩具出现时，儿童会一直盯着看，如果成人将玩具拿走，则会东张西望寻找玩具；听到不熟悉的小铃铛声，也会寻找等等。儿童正是在对事物的追随定向活动中来认识所接触的世界，获得各种经验和体验。3 个月的时候，儿童能分辨红色和黄色、两种不同音高的声音，4 个月时儿童逐渐能够分辨不同人的声音。半岁之前，由于动作刚刚开始发展，因此儿童认识周围事物主要是依靠视觉和听觉。

2. 定向反射的作用增加

定向反射是大脑对一定客观事物的反映而产生的与之相应的心理态势，表现为儿童在见到熟悉的人或物品会主动做出反应行为，如看到妈妈伸手求抱、看到奶瓶会伸手要吃等；也表现为对周围环境的主动探索，是儿童最早产生的有组织的行为模式。

3. 手眼协调动作开始出现

婴儿的手眼协调动作开始发生和发展。最初婴儿看到物体时，还不会准确地去拿，守在物体旁边乱晃，却拿不到。稍大些，婴儿能够按照自己的视线去抓所看见的东西。即手眼协调动作，是指眼和手的动作能够配合，手的运动能够和眼球运动——视线一致，按照视线去抓住所看见的东西。

4. 开始认生

5 个月左右时，孩子开始认生，这是儿童认识能力发展过程中的重要变化。儿童在五六个月大时开始能够分辨熟悉的人和陌生人，当不认识的人要抱他时，会辨认出来，甚至大哭，稍大一点的婴儿还会尽力挣脱。认生是儿童认知能力发展过程中的重要变化。

(三)半岁到周岁的发展特征

1. 身体动作迅速发展

动作的发展非常重要，它与儿童心理发展有密切的关系。在这一年中，儿童的动作发展非常突出。

动作发生的时间可以追溯到胎儿期。刚满 2 个月的胎儿就可以利用头或臀的旋转使身体离开刺激(即最早的胎动)；3 个月的胎儿已出现巴宾斯基反射和其他类似吸吮反射及抓握反射的活动。胎儿在 5 个月后逐渐获得了防御反射、吞咽反射、眨眼反射和强直性颈反射等，这些是对其生命有重要作用和价值的本能动作。

乳儿期儿童动作发展表现出一定的规律性。

(1)从整体混乱的动作到局部的、准确的和专门化的动作。儿童最初的动作多是手脚乱动、全身参与的，而且是笼统的、不明确的动作，用手抓东西也是一把抓，不能用食指和大拇指捏住东西。随着儿童的长大，动作才逐渐分化为局部的、准确的和专门化的。

（2）从上部动作到下部动作。从身体动作的发展顺序看，儿童是先学会抬头，然后学会俯撑、翻身、坐、爬、站，最后学会走。

（3）由粗大动作到精细动作。儿童动作发展中先出现的是大肌肉动作，如头部动作、躯体动作、双臂动作、腿部动作，最后才是手的精细动作，如用手指捏东西、拿筷子、握笔等。

（4）从无意动作到有意动作。乳儿早期的动作多数是无意的，做出各种各样动作时，既无目的也不知道自己在做什么。虽然儿童碰到东西会用手去抓，但不能意识到自己在做什么动作。手眼协调动作的出现是幼儿有意动作发生的标志。

2. 乳儿期儿童心理活动的发生和发展

（1）认知活动的发展

认知活动的发生突出表现在视觉、听觉和知觉的发展上。

在认知发展过程中，儿童的手眼协调动作开始发生和发展。他们不仅通过眼看、耳听来认识世界，而且也能用手去拿他自己看到的东西。稍大些，儿童能够按照自己的视线去抓所看到的东西。这时儿童的动作已有了方向和目的，即想拿的时候就能拿到。乳儿期儿童已能对物体的大小、形状产生知觉，约从 6 个多月开始，婴儿就具有深度知觉。

（2）掌握语言的准备

心理学研究表明，0～3 岁是儿童言语能力发展最快、学习效果最好的阶段。随着生活环境的日益扩大和交往对象的不断增加，儿童从牙牙学语到用语言与人交流，从一无所知到渐明事理，其发展和进步的速度非常惊人。

乳儿阶段的积累与成长为言语活动的发展做了多方面的准备。研究发现，乳儿期儿童对言语刺激非常敏感，出生后不到 10 天的新生儿就能区别出语音和其他声音，并做出不同的反应。对语音的感知是儿童言语发展的重要准备。6 个月以后的婴儿喜欢发出各种声音，牙牙学语，反复嘟囔。7 个月的孩子还会用不同的声音招呼别人，如东西掉在地上，他就会发出不高兴的叫声，示意别人捡起来。经过一段时间，儿童开始能听懂一些词语和句子，当别人问："妈妈呢？"他就会把头转向妈妈，即理解语言能力开始发展。将近 1 岁的儿童能称呼别人、说出单词句，但能说出的词还是极少的。

乳儿期是儿童语言习得的第一个阶段，是儿童学说话的准备期和萌芽期，又称为"前语言阶段"。前语言阶段感知语音的能力是儿童获得言语能力的基础，主要包括反射性发声阶段、咿呀语阶段和学话萌芽阶段。

反射性发声主要是指新生儿由于生理需要或环境刺激而引起的对身体不适的一种自然的反射活动，以哭喊反射为主。这一种现象主要发生在0～3个月大的儿童身上。其中，落地哭是第一次发音，表明发音器官为语音的发生做好了准备。这一个时期的儿童通过哭喊表示饥饿、疼痛、尿湿、爱抚等生理需要或心理上的不适，而成人则通过哭声的持续时间、音调、响度等来分辨哭的原因。从出生后第5周起，儿童在吃饱、睡好或情绪良好的状态下开始发出一些凌乱的、非哭叫的、类似单个韵母的声音，如“a-a-a”“ou-ou-ou”“e-e-e”“hei-hei”等。在这一个时期，适当的哭喊是为言语发生所做的准备，是言语的发生和发展过程中不可或缺的阶段。

咿呀语阶段。随着发音连续性的增加，儿童的发音与反射性发声相比产生了新的特点，即由单音节发声转变为重复音节发声，如“ba-ba”“da-da”“ma-ma”等，这种发音和词的发音相似，被称为“咿呀语”或“呀呀语”。俗称的“咿呀学语”就是指这一个阶段，主要发生在4～9个月大的儿童身上。此时儿童的发音种类明显增加，尤其是声母“b”“p”“f”“g”“n”等；韵母也明显增多，如“ong”“eng”等。儿童在出生约9个月时，咿呀语的频率达到高峰，儿童一方面要淘汰不符合母语及环境需要的声音，另一方面要不断增加符合母语和环境需要的声音。总的来说，这一个阶段的作用不在于儿童学会某个事物的发音，而是学会调节和控制发音器官的活动。

学话萌芽阶段又称为语言的发生阶段，主要发生在儿童出生9个月至1岁左右。此时儿童的发声开始和具体的对象联系起来。例如，在看见爸爸妈妈或其他亲人时，发出“ba－ba”“ma－ma”等声音；听到汽车的声音时，发出“wu－wu”“du－du”的声音。同时，儿童还能执行成人简单的指令，如成人说：“跟爸爸再见！”儿童就会挥挥小手，表明儿童对某种“交际信号”已经有了比较稳定和牢固的印象，儿童逐步理解别人说话的意思，为掌握语言做好准备。

(3)情绪的发展和最初的社会性萌芽

心理研究表明，儿童的情绪发展很早就已经表现出来，最初的情绪表现主要与其生理需要是否得到满足有关，如饥饿时就会哭闹，吃饱时则发出咿咿呀呀声等。在两三个月以后，儿童就开始对与自己交往的人做出选择，如乳儿很早就能辨认母亲的面孔。乳儿期儿童不仅具有表达情绪的能力，还有识别他人情绪的能力。从日常生活中可以观察到，10个多月的婴儿看到别人发怒时会表现出不安；微笑是儿童最初的社会性行为，通过微笑与成人进行交流，引起成人对他的积极反应。对成人的依恋和对成人的交往性微笑都是儿童社会性发展的萌芽。

(4)依恋关系日益发展

儿童在半岁左右开始对最亲近的人产生依恋。这种依恋表现为，当他最亲近的人在身边时就表现出愉快、舒适、有安全感；当最亲近的人要离开时，会紧张哭闹，感到不安。依恋感的出现与发展是儿童社会性发展的表现。依恋是儿童与主要抚养者之间形成的最初社会性联结。在乳儿期孩子依恋的对象通常是母亲，表现为更多地将积极性行为如微笑、注视、拥抱等指向母亲，喜欢与母亲在一起。到半岁之后，儿童与母亲之间开始形成专门和较稳定的情感联结，母亲成为不可替代的人，只要母亲在身边就能开心地玩、主动地探索周围环境。依恋关系的良好发展对儿童以后的健康成长和人格发展具有十分重要的影响。

拓展阅读

一、胎儿发育与胎教

(一)胎儿发育过程

胎儿发育是受精卵在准妈妈子宫内成功着床并迅速生长成生命胚胎，胚胎进一步发育成完整生命体的全过程。这一个过程大约要持续40周，可分为3个时期，即孕早期、孕中期、孕晚期。

孕早期指怀孕的头1～3个月，包括精子与卵子结合后着床成功、孕囊和胚胎形成。孕早期第1个月形成的生物体称作胚芽，在子宫内就如苹果的种子一样。孕早期第2个月，形似小蝌蚪的胚胎在子宫里迅速生长，心脏开始有规律地跳动及开始供血。2个月末胚胎长度约2厘米。孕早期第3个月即第9周开始胚胎已经可以称为胎儿了，发育成了真正意义上的孕宝宝。胎儿身长可达到4至6厘米，体重达到14克左右，孕宝宝已经初具人体特征。孕早期是危险期，准妈妈要有适当的休息，避免剧烈运动、劳累、感冒发热等，到医院妇产科做胎芽及孕酮数值的监测，测量胎心，要听从医生的建议进行调理，确保胎儿发育的良好环境。

孕中期是指怀孕的4～7个月。这一个阶段胎儿生长发育速度快，7个月时体重可达1100～1200克，身长有38厘米左右；胎儿的眉毛和眼睑清晰可见，眼睛已经能睁开和闭合了；手指和脚趾开始长出指(趾)甲；开始有了呼吸，同时出现了睡眠周期。妊娠的3～6个月是脑细胞迅速增殖的第一阶段，称为"脑迅速增长期"，主要是脑细胞体积增大和神经纤维增长，使脑的重量不断增加。在此基础上，胎儿的感觉器官按照区域迅速地发展，味觉、嗅觉、触觉、视觉、听觉开始在大脑中专门的区域里发育。孕宝宝会在子宫内玩耍，有时会将大拇指放到嘴里吸吮。这个时期胎儿逐渐发育成熟，通过彩超可以看清胎儿各个器官发育是否有异常。

孕晚期是指怀孕8～10个月。这一个阶段胎儿身体持续快速发育，身体和四肢继续长大，身长可达53厘米左右，体重达3000～3500克；呼吸系统和消化系统发育接近成熟。胎儿的头部在继续增大，大脑发育非常迅速，细胞和神经系统细胞的增殖，及树突分支的增加，使已经建立起来的脑神经细胞，发展成神经细胞与细胞之间的突触接合，以传导脑神经细胞的兴奋冲动，表明胎儿大脑和神经系统已经发展到一定程度。对于人的智力来说，脑神经细胞树突的增加远比细胞数目的增加要重要得多。接近39～40周时，宝宝是足月儿了，这也是宝宝即将降生的时候，应当注意宝宝头的位置，头已经完全入骨盆，说明胎位正常，做好生产准备。通常宝宝会在第40周出生，但是也会提前或推后两周出生，这是正常的。孕晚期里，准妈妈要避免剧烈活动，定期进行胎心监护和羊水深度的检查。孕期要保持心情舒畅，避免焦虑、紧张，多听舒缓的音乐，保持阴部卫生清洁，定期做好孕前检查。

(二)胎教

胎教在人类社会起源很早。我国古代西周时期就出现了胎教，那时胎教的基本含义是孕妇必须遵守一定的道德、行为规范。古人认为，胎儿在母体中能够被孕妇的情绪、言行同化，所以孕妇必需谨守礼仪，给胎儿以良好的影响，名为胎教。《大戴礼记·保傅》："古者胎教，王后腹之七月，而就宴室。"《列女传》中记载太任怀周文王时讲究胎教事例，一直被奉为胎教典范，并在此基础上提出了孕期有关行为、摄养、起居各方面之注意事项。如除烦恼、禁房劳、戒生冷、慎寒温、服药饵、宜静养等节养方法，以达到保证孕妇身体健康，预防胎儿发育不良，以及防止堕胎、小产、难产等目的。《黄帝内经》《千金要方》《颅囟经》等古籍中都记载着孕妇在孕期的保健、养胎和护胎的知识，并讲述胎儿正常发育和对孕妇身心健康保健的指导，为后世积累了丰富的经验，建立了"外象内感""因感而变"的独特中医理论。历代医家认为孕妇的精神状况会直接影响胎儿的智力发育，所以胎教的实质是让孕妇保持良好的精神状态和健康的体魄以外感而内应。此外，我国南北朝时期的教育家颜之推、南宋时的朱熹都提出了胎教之法。在颜之推的《颜氏家训》"教子篇"中提出孕妇"怀子三月，出居别宫，目不邪视，耳不妄听，音声滋味，以礼节之"；朱熹在其《蒙童须知》中指出，孕妇应注意自己的言行举止，使"一寝一坐，一言一念，一视一听"，都能促进胎儿的发育和健康成长。

广义的胎教是指在妇女孕育期间，为了促进胎儿生理上和心理上的健康成长，并确保孕妇能够顺利地度过孕期所采取的精神、饮食、环境、劳逸等各方面的保健措施。

狭义的胎教是根据胎儿在发育成长过程的各时间段内各感觉器官发育成长的实际情况，科学地提供视觉、听觉、触觉等方面的刺激和训练，如音乐、对话、拍打、抚摸等，使胎儿大脑神经系统和各个器官的功能得到合理的开发和训练，神经细胞不断增殖，发掘胎儿的智力潜能，提高个体的发展水平。从这个意义上讲，狭义胎教亦可称之为"直接胎教"。

现代社会的胎教是临床优生学与环境优生学、学前教育学等相结合而形成的具体措施，主要是在妊娠期间给孕妇创造一个良好的心态和孕育环境，并通过特定的技术和措施刺激和训练胎儿的感官，促使胎儿正常发育和优生，以提高人口先天素质。基本思想是:①孕妇的心理状态可以影响到胎儿的健康,因此需要良好的心理环境,夫妇关系融洽,生活内容丰富,尤其是愉悦的心情、乐观的心态、文化的熏陶,利于胎儿的生长、发育;②适当的感官刺激和训练能促进胎儿器官在母腹中的生长发育,使大脑神经系统和各个器官的功能得到开发,会让胎儿在生理和心理两方面发展形成良好的先天素质;③良好的生活环境、合理平衡的膳食是让孕妇保持良好的精神状态和健康体魄、顺利度过孕期的重要物质保障,也是胎儿正常生长发育的重要前提。

从卵子和精子结合后在母体子宫内经过 280 天(40 周)左右孕育到小儿出生,总称为胎儿期。最初 2 周为胚卵期,受精卵细胞在子宫着床后不断分裂长大;胎龄 2～12 周为胚胎期,胎儿各系统组织器官迅速分化发育,基本成形,是小儿生长发育十分重要的时期,如受内外各种因素影响使发育受阻,可以导致各种先天畸形;12 周后至出生为胎儿期,各器官进一步增大,发育逐渐完善,胎儿迅速长大;胎龄满 37 周出生的小儿为足月儿。这一个时期胎儿完全依靠母体生存,孕母的健康、营养、工作、环境、疾病等对胎儿的生长发育影响极大,当孕母受到不利因素(如创伤、营养缺乏、感染、药物等)侵扰时,可使胎儿正常生长发育发生障碍,严重的可引起死胎、流产、早产或先天畸形等不良后果。因此,加强孕期保健和胎儿保健是十分重要的。

二、乳儿的生长与养护

胎儿经过 40 周左右妊娠娩出,从出生到生后 1 个月内,处于适应周围环境的过渡时期,称新生儿时期。刚出生的新生儿因多睡少吃,吮乳不足,排泄及无形蒸发水分多等原因,生后 3～5 天会有生理性体重下降现象,其下降数量可达初生儿体重的 6%～8%(180～240 克),甚至达 10%(300 克),平均 200 克。直到生后 4～10 天才逐渐恢复到出生时的体重,以后迅速增加,每周增加 180～200 克。在此期间儿童各系统发育尚不完善,机体处于不稳定状态,对外界环境适应能力较差,抵抗力也较低,易受内外不良因素侵袭。如果胎内生活及发育障碍,会造成先天性畸形,若出现免疫系统未成熟、分娩时感染、喂养及消化力差等情况,可发生皮下坏疽等感染性疾病。新生儿得病后,临床症状很不典型,与成人有显著的不同,较难做出早期诊断,死亡率极高。因此必须了解新生儿的特点,才能提高诊断和防治水平,降低死亡率。

从满月到 1 周岁为婴儿期或乳儿期。特点是体格生长特别快,脑部发育很迅速。出生后头 2～3 个月,体重增加快,每周增加 180～200 克或每月可增加 700～800 克。以后体重增加速度逐渐减慢,在第 4～6 个月中,每周增加 150～180 克,4～5 个月时约为初生体重的 2 倍。大脑发育迅速,表现为:脑重增加快,刚出生时脑重为 390 克左右,9 个月时为 660 克,1 岁时脑重为 900 克左右;脑细胞形状和大小都在变化,大脑皮层的 6 层细胞都在发展,树状突不断增长,并且分支越来越多;神经纤维的髓鞘化在逐渐完成,新生儿只有反射动作,到 1 岁时,出现了随意性动作。

乳儿期生长发育是最迅速的时期,体重、身长增长速度最快,为第一个生长高峰,周岁时体重为出生时的 3 倍,身长为 1.5 倍,头围由出生时的平均 34cm 增加至 46cm。由于乳儿期生长发育迅速,对营养素和能量的需要量相对较大,家长一定要注意合理喂养,应该尽量母乳喂养。但是母乳喂养期间,宝妈一定要安排好自己的饮食,不利于身体健康的食物不要吃,比如腌制、烧烤类的食物及生冷的食物尽量不要吃,如果实在想吃应该适量,而且吃完要过段时间才能喂奶,避免婴儿吃到凉奶,引发肠胃不适。

随月龄增大,乳儿从母体获得的免疫力逐渐消失,因此对营养需求高,容易发生营养和消化紊乱(如腹泻、便秘),容易患有感染性疾病,应该提倡母乳喂养和合理的添加辅食。如缺乏营养时多见佝偻病和贫血,消化力弱时多见腹泻和呕吐,常诱发肠套叠,大脑皮质功能不全,不能忍受高热、毒素或其他不良刺激,易发生惊厥。又由于母体的被动免疫力逐渐消失,乳儿后天免疫力尚低,容易发生麻疹、风疹、脊髓灰质炎、猩红热及白喉等传染病,并易发生急性阑尾炎、急性骨髓炎、出血性肠炎等外科感染性疾病。因此,要给乳儿多晒太阳、有计划地接受预防接种,重视培养良好的生活卫生习惯。

任务二　幼儿前期儿童心理发展的年龄特征

一、幼儿前期儿童的动作发展

1～3 岁是婴儿学会走路、学会说话的重要时期。孩子 1 岁以后,各种动作比起第一年有了明显的进步,会走路和开始使用工具是最显著的表现。

(一)学会行走

学会自由行走。1 岁左右孩子刚刚开始学步,走路还很不稳。2 岁以后便能行走自如,并开始学习跑、跳和攀登等动作,但动作仍然不够灵活,比较缓慢笨拙,摔跤也是常有的事。但这时的孩子非常喜欢走路,通过锻炼,他们的行走动作很快就熟练起来。

(二)动作的协调性提高

1 岁以后,幼儿手部的动作进一步灵活起来。他们能较准确地拿住各种东西。喜欢表演各种“舞蹈”动作,身体的协调性明显增强。

(三)学习使用简单的工具

开始学习使用工具,如用勺子、端碗、拼插小玩具、手绢等。此时的儿童虽然动作不太精确,显得较为笨拙,但是,与乳儿期相比是大大地发展了。有了使用工具的本领,孩子特别爱做事,爱模仿大人使用工具,例如大人用筷子吃饭,他也一定要用筷子。

二、幼儿前期的心理发展

(一)儿童言语的发展

幼儿前期,儿童言语能力有了突破性的发展。这时,孩子能够说出一些简单的词语和句子,对语言的理解水平也有了较大的提高。孩子最先理解的词是他经常接触的物体名称,如奶瓶、杯子、灯等;其次是对成人的称呼,如妈妈、爸爸;再次是玩具和衣服的名称,如车子、鞋子等;还有身体器官的名称,如眼、嘴、手、耳等。

1.5 岁以前,幼儿的发音还很不准确,喜欢用叠音,如"帽帽""车车""手手"等。所说的句子也很不完整,常常以词代句或句子非常简单,如"没!没!""妈妈要"之类。因此,只有常带他的人才能听得懂他说的话。

幼儿前期儿童口头言语发展表现出多方面特征。儿童大约从 1 岁起进入正式学习言语的阶段,其中,1～3 岁是婴儿学习语言的关键期,即言语的形成期,主要包括"单词句"阶段、"双词句"阶段和"简单句"阶段。

1."单词句"阶段

"单词句"主要是对儿童在 1～1.5 岁这一个时期语言发展情况的概括。此时,儿童所掌握的词语涉及物体名称(苹果、香蕉)、物体数量、物体运动状态(掉、跑)、物体性质(脏、烫)、空间关系(地下、床上)和否定状态(不、不要)等。儿童使用单词句表达要求、命令、愿望时,带有明显的表达特征,起着交流的作用。但是,"单词句"不包括语法,它只是一个单词。因此,有的研究者认为他们是"非语法"形式的初始言语。

"单词句"阶段儿童语言发展特点为:

第一,词义不明,出现过度泛化或扩展不足的现象。他们常常用一个词来表达比该词意义更为丰富或狭隘的意思,所用的单词主要是儿童生活中常用的名词或动词。例如,儿童最初说出的"mama"可能表示各种请求,具有"全通用目的",而不是叫自己的妈妈。如将"gougou"泛指狗和狗以外的猫、兔子、羊等四条腿的、毛茸茸的动物。随着年龄的增长,儿童才意识到"mama"仅仅指"自己的妈妈"。

第二,以词带句,即用一个词代表一句话的意思。例如,儿童说"啊啊"时,表示"有人在外面玩""我要出去玩"或者"我还没玩够,我不想回家"等。

第三,以音代物,即对于能发出声音的物体,儿童会先抓住其声音特征,用声音代替物体的名称。如用“喵——喵”代表小猫，“汪——汪”代表小狗，“嘀嘀——嘀嘀”代表汽车等。

第四，重叠音，即单音重复，这是儿童语言发展的重要现象之一。不仅重叠音的使用数量多，而且范围也较广，名词、量词、动词等多种词类均有重叠的单音节。但是，在一般情况下，叠音以名词最多，延续时间也最长，如“花花”“车车”“凳凳”等。

第五，具有最初的概括性，即随着词汇量的增长、生活经验和认知能力的发展，儿童到1岁半时，使用的词语不但可以表示具体事物，而且使用中显示了词语本身所特有的概括性。例如，儿童拿着喝完水的杯子说“没”，指的是杯子空了这一种现象，“没”“空”是对一定现象的概括。

2.“双词句”阶段

“双词句”又称“电报句”，主要是对儿童在1.5～2岁这一个时期言语发展情况的概括。此时，儿童爱表达、爱发问，逐渐进入言语发展的跃进阶段。

“双词句”阶段儿童的语言发展特点为：

第一，以双词句为主，有时也出现三个词的组合。双词句主要是指由两个单词组成的句子，这两个词的间断联系可能是“主语……谓语”“谓语……主语”，也可能是“宾语……谓语”“谓语……宾语”。例如，“宝宝……饿”“要……狗狗”等。双词句的出现表明儿童的言语发展进入了一个新的阶段，能更完整、确切地陈述双词组合，而且基本上使用了简单的语法。

第二，词汇量激增。儿童在出生后的10～15个月内，平均每个月掌握1～3个新词。在18个月时，经常说出的词约为20个；19个月时，能说出50个左右的词；到了20个月，词汇数量增加至100个左右；20～24个月达到激增期，词汇量增加至300个左右。儿童在这时期所掌握的词汇绝大部分是名词，其次是动词和形容词，同时有一定数量的代词、数词、副词、感叹词等，虽然“双词句”还不是完整的句子，但已具备句子的雏形，表达的意思也比单词句更明确，为儿童后期言语的发展打下了重要基础。

3.“简单句”阶段

“简单句”主要是对儿童在2～3岁这一个时期言语发展情况的概括。此时，儿童的言语表达中主要是表示周围事物的名词，简单的动词、形容词，少数的数词、连词及“不”“再”“都”“没”等副词。这一个时期是儿童言语发展最迅速的时期。

“简单句”阶段儿童的语言发展特点为：

第一，以结构简单的句子为主。这里的简单句是指句法结构比较完整的单句。最常见的句式有“妈妈抱”“车车跑”等简单的主谓句，“宝宝喝水水”“爸爸吃饭”等简单的主谓宾句，及“不要宝宝了”等简单的谓宾句。此时的儿童变得特别喜欢说话，有的已经能用简单的复合句来表达意愿，如“风大，宝宝咳嗽”等。但是，此时的复合句多为省略关联词的简单句的组合，结构松散且情境性较强。

第二，词类逐渐丰富。这一时期儿童所掌握的词汇中，仍以名词、动词为主，但它们所占比例与“双词句”阶段相比有所下降，相对的，比较抽象的形容词、代词和副词的比例则有一定的上升。同时，儿童掌握的词汇量也逐渐增加至 1000 个左右。

第三，语言理解能力逐渐提高，语言表达能力需要恰当引导。这一时期，儿童对词义的理解不断加深，能理解一些具有概括性的词，如“水果”“玩具”等。还能够按照成人比较复杂的语言指示去调节和支配自己的行为，例如，对“把你掉地上的玩具捡起来放在沙发上”这样结构复杂的句子，儿童都能做出正确的反应。但是，他们还不能用已掌握的词按照语法规范将自己的想法有条理地表达出来。也就是说，这时儿童的语言表达能力与其语言理解能力并不是同步的，没有思维的速度快。当儿童的表达跟不上思维时，就会出现不连贯、语序不合理等现象。

在“简单句”阶段，儿童言语教育的重点是丰富儿童的词汇，适当引导儿童学说完整的话，提高他们运用句子表述的能力。

3 岁左右是幼儿掌握最基本的语音阶段。在与成人不断的言语交流活动中，幼儿的言语能力有明显的提高，在不知不觉中就能说出 1000 多个词语，而且也能说出一些较为完整的句子。

（二）想象开始萌芽

2 岁左右的孩子已经能够在操作物体的时候进行简单的想象活动。如拿一个玩具当作小汽车的方向盘学着开。想象活动的萌芽使孩子的游戏活动更为丰富，如拿着娃娃就学着成人的样子拍娃娃睡觉。幼儿前期，表象的形成与丰富使孩子的认识活动出现了重大的变化，如妈妈不在眼前时他也会想妈妈。不像 1 岁以前的孩子，只是在妈妈出现时，他才要找妈妈。

（三）思维的出现

由于表象的出现，幼儿前期能根据已有的记忆表象对事物进行最初的概括和推理，如能够把性别不同、年龄不同的人加以分类，能把年纪大的男人称作“爷爷”，把小男孩称作“哥哥”，把小女孩称作“姐姐”等。2 岁以后还能对一些简单的事物做出判断，如成人说：“天黑了，宝宝该睡觉了。”他会说：“月亮为什么不睡？”

这时幼儿的思维具有直观行动性，即边行动边思维。如抱着娃娃时，看见了小勺，他才会想到喂娃娃吃饭。

三、幼儿前期自我意识和独立性开始出现

约在 1 岁末，幼儿开始把自己从客观世界中区分出来，基本脱离了“物我不分”

“人我不分”的状态。在活动过程中，儿童开始把自己的动作和多种对象区分开来，如手掌放开，手里的玩具球就掉下来滚走了。随后将作为动作主体的“我”与动作区分开来，这表明儿童开始把客体跟自己区分开来了，意识到自己与客体的关系，也看到了自己的力量。这是儿童自我意识的萌芽，或者说是一种自我感觉。

约在第2年，幼儿认识到自己的身体，并意识到自己身体的感觉。儿童已能用词语标志自己身体的主要部位，也知道别人喊他的名字。但此时称呼自己的名字就像称呼其他客体一样，只是一种信号。

儿童开始将自己当作主体来认识。2岁的儿童表达愿望时，喜欢用“我要……”“我不要……”来表示自己的态度和愿望，儿童的自我意识独立性大大增强。一般将儿童开始使用人称代词“我”看作儿童自我意识发展的一次重大飞跃。

2岁左右的孩子，由于开始能够独立行走，变得不那么顺从了。吃饭时弄得满脸满身，也不让成人帮一下，你不管他时，他又高高兴兴地乱吃起来。走路虽然还不稳，可别人要帮助时，他是不干的，嘴里还说：“我自己，我自己。”这些都说明孩子独立性开始出现。独立性的发展是儿童心理发展非常重要的表现，也标志着孩子作为个体的主体性逐步显现。

课外学习

一、复习与练习

（一）复习

阅读教材，巩固并掌握主要知识点。

（二）思考与练习

1. 乳儿期儿童的主要心理发展特征是什么？
2. 幼儿前期儿童的主要心理发展特征是什么？
3. 如何看待无条件反射？
4. 说说幼儿前期儿童自我意识发展的重要意义。

二、案例分析

1. 沃克和吉布森制作了平坦的棋盘式的图案，用不同的图案构造以造成“视觉悬崖”的错觉，并在图案的上方覆盖玻璃板。这样，眼睛看上去像悬崖一样。实验想要考察婴儿是否敢爬向具有悬崖特点的一侧。结果发现：将2～3个月大的婴儿腹部向下放在“视觉悬崖”的一边，发现婴儿的心跳速度会减慢，这说明他们体验到了物体深度；当把6个月左右的婴儿放在玻璃板上，让其母亲在另一边招呼婴儿时，发现婴儿会毫不犹豫地爬过没有深度错觉的一边，但却不愿意爬过看起来具有悬崖特点的一侧，纵使母亲在对面怎么叫也一样。试从认知角度分析幼儿的心理特征。

2. 观察发现 9～10 个月的婴儿对镜子很感兴趣，对镜子中自我映像并不感兴趣；1 岁及以后几个月的婴儿对镜中自我的映像很感兴趣，亲吻、微笑，还到镜子反面去找这位伙伴；约在 18 个月，婴儿特别注意镜子里的映像与镜子外的东西的对应关系，对镜中的映像的动作伴随着自己的动作更是显得好奇；18～24 个月借助镜子立即去触摸自己，逐渐意识到镜中的映像就是自己。试分析幼儿的心理发展。

三、实践活动

以个人或小组方式走访一所早教机构，观察学前早期儿童的行为，并分析其心理发展特征，写一份观察报告。

课题六　幼儿期儿童心理发展的年龄特征

课题概要：

3～6 岁幼儿期儿童心理发展的特征与表现是学前教育专业学生需要重点掌握的专业基础知识。本课题主要阐述了幼儿在认识过程、情绪与情感过程、意志过程和个性、社会性等各个方面发展的具体年龄特征，让学生对幼儿期儿童心理发展形成系统认识，构建良好的专业理论素养和实践能力。

学习目标：

1. 理解并掌握幼儿在认识过程、情绪与情感过程、意志过程和个性、社会性等方面的发展特点。

2. 了解幼儿心理发展规律在幼儿教育中的应用，并发展认识和分析儿童心理特征的能力。

3. 培养热爱幼儿的情感和尊重幼儿的意识，形成科学的儿童观和教育观。

现象分析：

1. 妈妈每次带乐乐去超市都很烦恼，4 岁的乐乐总是会被超市里色彩斑斓的玩具吸引。

2. 3 岁的小豆豆在家里经常会说出一些新词和句子还有一些没人能懂的话；出门和别的小朋友玩时，总是会说："是我的玩具，不给你玩。"

任务一　幼儿认识过程发展的特征

一、幼儿注意发展的年龄特征

3～6 岁幼儿注意发展的显著特征是无意注意占优势地位。

幼儿期儿童注意发展总体上呈现以无意注意活动为主的特征，具体表现为由以小班无意注意为主过渡到大班有意注意逐步增多、注意的稳定性逐步提高。学前教育要依据幼儿注意在不同年龄的发展特征，进行适宜的活动设计和组织指导，运用幼儿注意发展的规律，有效地吸引幼儿的无意注意，引导幼儿有意注意不断发展。

(一)幼儿无意注意发展的特征

1. 幼儿无意注意的发展表现

小班幼儿总体上以无意注意为主，注意的稳定性较低，在活动中容易被周围的新刺激或颜色鲜艳的事物所吸引。中班幼儿仍以无意注意为主，注意稳定性水平在教育影响下得到了提升，能够较长时间关注自己喜欢的事物，注意集中程度也有所提高，但是仍容易受外界影响而出现注意分散情况。大班幼儿无意注意水平随教育影响获得了进一步发展，能够对感兴趣的事物和活动持续关注，活动时对干扰因素会表现出不满情绪。

2. 影响幼儿无意注意的因素

客观因素：刺激比较强烈、对比鲜明、新异和变化的事物，是影响幼儿无意注意的重要因素。幼儿的注意以无意注意为主，对于新颖多变、处于活动状态、刺激强烈的事持有着极强的好奇心，也更容易引起无意注意。幼儿年龄越小这一个特征表现越明显。如幼儿园来了听课的实习老师，小班和中班幼儿会表现出强烈的好奇心，不断回头看，而大班幼儿则能很好地控制自己，只偶尔关注。

主观因素：与幼儿兴趣、需要、生活经验有关系的事物。观察发现，在生活和教育中，与幼儿兴趣、需要和生活经验有关的事物或活动更能让儿童产生兴趣，也能更多地引起幼儿的无意注意。

3. 无意注意在幼儿教育活动中运用的策略

(1)合理运用教育手段。玩具和教具的制作与选择使用，要尽量形象生动、颜色鲜明、对比性强、新颖、具有变化性或动态特征。

(2)言语适当。教师的言语表达要清晰、抑扬顿挫，具有儿童化的特点。

(3)环境设置合理。教育环境布置既要美观、舒适，又要避免过于繁杂，能适当引起幼儿的注意，利于幼儿正常活动的开展。

(4)科学运用教育内容和方法。在各种教育活动设计中，选用的内容和方法要新颖、有趣，并赋予各种容易引起幼儿无意注意的因素。

(5)关注幼儿的状态。教育活动组织与实施要符合幼儿的兴趣、需求及原有的生活经验，易于引起幼儿的注意。同时，幼儿自身状态也能够影响无意注意的效果，如幼儿情绪良好、身体健康、精力充沛时无意注意的效果就会更好，否则注意效果则会大大降低。

(二)幼儿有意注意发展的特征

1. 幼儿有意注意发展的表现

幼儿期的幼儿有意注意处于初步形成时期，总体发展水平不高。但随年龄的增长,在学前教育活动影响下,幼儿有意注意逐步发展。在各种活动中幼儿注意的目的性逐步增强,稳定性和集中度也不断提高。儿童心理研究显示,幼儿小班时有意注意的水平很低,条件良好的情况下可以保持 3～5 分钟;中班时得到一定的发展,持续时间可达 10 分钟左右;大班获得了进一步的发展,保持时间为 15 分钟左右。

2. 幼儿有意注意发生的条件

(1)幼儿对活动目的和任务的理解程度

当幼儿较好地理解教师和成人让他做的事情,而且有明确具体的任务时,就能主动组织自己的注意,按照要求去完成。所以在设计和组织幼儿活动时,必须目的明了,任务难度符合幼儿经验水平,而且内容是幼儿能够理解和能够记住的。

(2)活动的多样、趣味性

幼儿的有意注意是在活动中发展起来的。兴趣是最好的老师,幼儿通过参与不同形式的趣味性活动,体验活动的快乐和成就,主动把自己的注意集中到活动中,并在老师的提醒下完成活动任务。因此,幼儿园五大领域教学、各种游戏活动的开展,要突出活动形式的多样性、内容和方法的新颖性,在充满趣味的活动中发展幼儿的有意注意。

(3)幼儿意志力水平的影响

有意注意的水平与意志活动紧密相关。观察发现,坚持性强、不爱认输的幼儿往往能够使自己的注意服从于当前的活动和任务。如在一次中班游戏活动中,老师让两名幼儿扮演战士站岗,结果一名幼儿能够把注意始终保持在分配的任务上,而另一名幼儿虽然坚持了几分钟,但没能坚持完成游戏,而是随着奔跑的孩子而去。因此,幼儿园教育中教师要引导儿童坚持活动的目的性,提高幼儿意志品质的发展水平。

(4)成人言语的指导和提示

在教育活动中,成人对幼儿的注意组织,通常会通过言语的指示来实现。活动中必要的言语指示,可以提醒幼儿保持相应的状态、完成一定的任务、必须注意的情况和应掌握的技能及方法等。此外,幼儿的自我言语提示也有助于自身有意注意的发展。

拓展阅读

注意与幼儿的活动

一、注意的选择性与幼儿活动

注意具有选择信息的功能,这就是注意的选择性。在日常生活中,幼儿或成人周围环境中都存在着无穷无尽的信息,我们并不是不加选择地对什么都注意,而是有一定选择的注意。在众多的信息刺激中，注意的选择性表现为偏向于对一类刺激注意得多，而对另一类刺激注意得少。

幼儿注意选择性的发展有如下几个方面的特征，在组织幼儿活动时，如何引导幼儿注意选择活动的目标，应加以考虑。

(一)幼儿注意的选择性在很大程度上是由兴趣和情绪引起的

幼儿对某一个事物的注意，或选择某一事物为注意的对象，往往是因为他们对这一个事物感兴趣。在同一个情境下、同一个活动中，每个幼儿注意的对象各有不同。如在一个班里，积木区因搞卫生而被换了地方，班上的一些平时不爱玩积木的小朋友，根本就没有注意到积木区位置的变化，而有两位小男孩，一看积木区在打扫卫生，就急忙去看自己搭的积木，关心自己搭的积木怎样了，如果发现积木不见了，于是赶紧跑去告诉老师，原来他俩平时对积木就特别感兴趣。

(二)幼儿注意的选择性与其理解水平和生活经验有密切关系

幼儿只能注意到事物特征比较突出的方面。当一幅画面出现在幼儿面前时，幼儿选择那些自己认识、熟悉的事物来加以注意，有时对比较复杂而又不好理解的事物，虽然老师要求注意，幼儿还是不能选择注意。例如，给孩子呈现一组物体，让他们根据不同特性将这些物体分类，4 岁孩子，甚至 5～6 岁的孩子，只选择那些与解决问题没有关系的因素来加以注意，而 8 岁的孩子解决这类问题时就能选择物体的主要特征加以注意。所以，教师在组织活动时，如果要求幼儿注意的对象是幼儿认识能力范围以内的和幼儿易于理解的，幼儿注意的选择性就要好些。

幼儿在一个活动中如果不能注意到事物的某一个特征，也是由于幼儿没有这方面的知识或经验。幼儿一旦知道或学会了这方面的知识，他们在活动中注意的选择性就能够提高，从而大大提高了幼儿的活动水平，保证了活动的顺利完成。比如，有些游戏，尤其是智力游戏，最初幼儿不知道游戏规则，活动中注意的选择性就比较差，一旦幼儿基本掌握了游戏规则，就能顺利地完成游戏活动，还会玩得很入迷。因此，教师在组织幼儿活动时，要善于从幼儿已有的经验水平出发来设计活动和组织活动。

(三)幼儿注意的选择性受强化方式的影响

常见方式有鼓励、表扬、批评和惩罚。一些研究表明，强化可以改变幼儿对注意对象的选择。例如，有一组幼儿在搭房子，另一组幼儿在搭火车。如果老师表扬了搭火车的一组幼儿，结果会发现另一组中有不少幼儿也改为搭火车。反之，批评也会改变幼儿注意的选择性。因此，幼儿园的教师在评价幼儿时要慎重，不可随意，否则会影响幼儿对活动对象的选择。研究表明，对幼儿强化过程的关键在于给幼儿启发或指导，而不是批评、惩罚、表扬和鼓励等强化本身。如果强化引起幼儿情绪上的波动太大，如很兴奋、很不高兴等都会影响幼儿的注意，使幼儿不能正确选择注意的对象。

另外，有特点的刺激物，如鲜艳、多变的事物容易引起幼儿的注意。

二、注意的稳定性与幼儿活动

注意的稳定性是指注意力在同一个活动范围内所维持的时间长短。注意的稳定性对幼儿活动的完成具有重要意义。幼儿要听完一个故事，做完一件手工，玩一个完整的游戏，听教师讲解完一段完整的知识都离不开稳定的注意。可以说注意的稳定性是幼儿进行活动的重要保证。

(一)幼儿注意的稳定性存在年龄差异

幼儿注意的稳定性水平不高，但随着幼儿年龄的增长，其注意的稳定性逐渐提高。幼儿在不同的年龄阶段，其注意的稳定性是有明显差异的。实验证明：在良好的教育环境下，3 岁幼儿能够集中注意 3～5 分钟，4 岁幼儿注意可持续 15 分钟左右，5～6 岁的幼儿注意能保持 20 分钟左右。幼儿的注意稳定性比较差与幼儿的自制能力差有密切关系。例如，在活动中如果老师提出了一个很有趣的问题，幼儿就能注意一段时间；如果在某一个活动中伴随有操作活动，那么，幼儿也能把注意保持在活动上，可是当幼儿把问题回答完或操作完之后，他们的注意很快就不稳定了，并且很容易转向其他事情。因此，不能用成人的标准来要求幼儿长时间地注意一个事物。在设计活动、组织活动时，不应太单调、时间太长。

(二)幼儿注意的稳定性受多种因素影响

影响幼儿注意稳定性的因素有：注意对象新颖、生动，形象鲜明；活动的游戏化特征；注意与幼儿操作活动的结合；幼儿的身心状况。

注意对象的生动形象、具体会引起幼儿的兴趣，也是符合幼儿的年龄特点的。而活动是否能够进行多样化的开展，则直接关系到活动的质量，游戏化的教育活动能够最大限度地调动幼儿的活动积极性。幼儿的学习是以直接经验为主的，也是在活动和操作中进行的，因此要求教师在开展活动的时候要让幼儿参与到活动中来，从而获得直观的感性经验。而一切的一切则都要有一个立足点，那就是幼儿自身状态是否良好，这是进行活动的基础和前提。

三、注意的分配与幼儿活动

在同一时间内，把注意分配到两种或几种不同的对象与活动上，这就是注意的分配。如幼儿一边唱歌一边跳舞，同学们一边记笔记一边听老师讲课等都是注意的分配。幼儿对注意的分配能力比较差。例如，大人吃饭时，可以谈笑自如，丝毫不影响进餐，而且由于交谈带来了愉快气氛，还增加了食欲。但幼儿吃饭时，如果注意听别人说话，就会停止吃饭；如果幼儿自己说话，他就会把碗筷都放下，甚至还站起来，手脚一起比画。在良好的教育条件下，随着年龄的增长，幼儿对注意的分配能力逐渐提高。例如，3 岁幼儿自己活动时，顾及不到别人，所以只能自己单独玩；4 岁幼儿则可以和别的小朋友们联合做游戏；5～6 岁幼儿能参加较复杂的集体游戏和活动，并能和其他小朋友合作、协调一致。

作为幼儿教师，在工作中需要有注意分配的能力才能把工作做好。例如，教师在组织幼儿做操时，既要注意向全班幼儿发出指令，又要注意到个别幼儿的表现。幼儿园里孩子多，情况变化多端，幼儿又活泼好动，作为幼儿教师既要注意孩子的活动与安全，又要注意自己的教育活动。如故事不能讲错，动作要做对，边教唱歌曲边弹琴等，都需要进行注意的分配，以便顺利地组织幼儿进行活动，并保证幼儿的安全。因此，注意的分配能力是幼儿教师开展工作所必备的心理素质。

四、注意的广度与幼儿活动

注意的广度也叫注意的范围，是指一个人在同一时间内能够清楚地察觉和把握对象的数量，如"一目十行"就是说明一个人阅读时注意的范围比较广。心理研究认为，人的注意广度是生理性的，扩大注意的广度主要是把信息对象进行组合，使各个对象能联系为一个整体。

幼儿注意的范围是比较小的，但随着年龄的增长注意范围在逐渐扩大。一般来说，幼儿在较短的时间片段中不能注意较多的事物。有人把一幅图画给被试（幼儿或成人）看，要求被试看到图画中的每一部分。结果发现幼儿比成人要用较多的时间来注意画的内容。但在实际生活中，注意广度受许多因素的影响，主要有以下两个方面：

（一）注意对象的特点

在活动任务相同的情况下，注意的对象排列有规律时，注意的范围就要大一些，而排列没有规律的注意范围就小些。如很多点随意散开时就不如将这些点整齐有序地排列后的注意范围大。同样，注意对象颜色相同时注意范围大些，颜色多而杂时注意范围就小些；大小一致的对象注意范围大些，大小不一的对象则注意范围就小些；信息组块并有密切联系的对象注意的范围就大些，而信息零散、毫无联系的对象注意范围就小些。可见，知觉对象是有规律、有意义的，各对象之间能建立联系并成为整体的注意范围就大，反之，注意的范围就小。

（二）活动任务和个人的知识经验

一般来说，如果在活动中要求完成的任务比较多，那么人的注意范围就要受到限制。如老师既让学生翻译课文又让学生找出错字，这样学生对课文注意的范围就小了。另外，一个人的知识经验也影响其注意的广度。在幼儿园工作多年的人对幼儿园的环境熟悉，工作注意的范围要比没有去过幼儿园的人广，原因就是他们在这方面的经验有很大差别，而知识经验在这里起到了使被注意对象建立联系并使之形成整体的重要作用。

根据幼儿注意广度的特点，教师在组织幼儿进行活动的过程中，要注意的方面主要包括以下几点：

首先，在组织活动时，应向幼儿提出明确的任务，而且不能同时提出太多任务，以免影响幼儿对某一个活动任务的注意范围。如展示一幅故事图画，可以根据任务有顺序地提出问题，可以先问图上都有谁，当幼儿完成了这一个任务后，再提出他们都在干什么等其他问题。这样，幼儿就不至于注意无关细节，而缩小了对主要活动任务的注意范围。

其次，在教幼儿知识或讲述某一个事物时，所使用的教具或所出现的事物呈现的不能太多，如让幼儿看图片时，就不能在一开始把所有的图片摆放出来，而是要一幅一幅地呈现，以免过多的目标分散幼儿注意。

再次，在组织幼儿活动时，要考虑到注意对象的特点。如教具等要排列有序，特点相同或相似的要相对集中；色彩一致的要比五颜六色的注意范围广；注意的对象要有意义且有联系，尽量选择幼儿熟悉的事物，这样可以帮助幼儿扩大注意范围，保证活动充分而有效地进行，提高幼儿的注意水平。

最后，为幼儿提供的活动一定是幼儿知识经验范围以内的，因为幼儿已有的知识经验可帮助幼儿把这些注意的各个对象联系起来，并且由于幼儿能够理解注意的对象，从而扩大幼儿的注意范围。因此，教师在组织幼儿活动时，既要了解幼儿的年龄特征和已有水平，又要不断地帮助幼儿丰富知识经验，扩大幼儿的注意范围，促进幼儿注意水平的发展。

(三)幼儿注意力培养的策略

随着活动的复杂化及其年龄的增长，幼儿注意的水平也在不断提高。幼儿的注意能力是在各种丰富多彩的活动中发展起来的，在这一个发展过程中，幼儿注意的特点始终对其活动产生重要的影响。因此，幼儿教育中，组织活动时应从幼儿注意的特点出发，采用合适的方法和手段，引导幼儿注意水平不断提高。

1. 充分运用无意注意的规律组织教育教学活动

在幼儿教育中，教师要尊重幼儿以无意注意为主的特点，在环境创设、内容和方法选用、教辅手段运用等方面突出多样性、变化性、操作性等特点，充分吸引幼儿的无意注意，提高幼儿注意的稳定性。

2. 促进幼儿有意注意能力的发展

根据有意注意发生的条件，幼儿教育活动中教师要重视幼儿对活动任务的正确理解且有明确的目的，活动的内容和形式要多样且富有趣味、符合儿童的现有发展水平。

3. 无意注意、有意注意的交替运用

教育活动中教师要注重通过活动安排和组织、言语提示等，有意识地让幼儿无意注意与有意注意交替出现，调节儿童注意活动的节奏，提高注意的稳定性。

4. 防止幼儿注意分散

受发展水平的制约，幼儿容易出现注意分散的现象，故而教师在各种教育活动中要注意防止出现可能引起儿童注意分散的因素，适时提醒幼儿关注活动的任务和目标，保持良好的注意状态，促进儿童良好注意品质的发展。

拓展阅读

(一)幼儿注意分散

注意的分散是与注意的稳定相反的一种状态，是指幼儿的注意离开了当前应该指向的对象，而被一些与活动无关的刺激物所吸引，产生了分心。如幼儿听故事时，被教室外的小鸟叫声所吸引，不能专心听故事。

1. 幼儿注意分散的原因

无意注意占优势，自我控制能力差，注意力容易分散，这是幼儿注意比较突出的特点。一般来说，引起幼儿注意分散的原因有以下几点。

(1)持续的单调活动

幼儿如果长时间处于单调的活动状态下，容易发生疲劳。例如连续很长时间教幼儿一首较长的儿歌，让幼儿长时间坐在那里跟着老师学，幼儿就容易疲劳、分心。因此，幼儿园在组织幼儿活动时，活动不能太单调，形式要多样化，而且，活动时间不能超过幼儿各年龄阶段所适合的时间，如小班幼儿集中活动的时间为 10 分钟左右，那么，教师就不能让幼儿在那里坐 20～30 分钟，而且也不能只让幼儿坐在那里听。否则，幼儿就会由于疲劳而分散注意。

(2)无规律的作息制度

有不少幼儿在家中生活作息时间没有规律。晚上幼儿看电视看到很晚，或者与成人一起睡得很晚，致使幼儿休息不充分而造成疲劳。另外，节假日幼儿又上公园又逛街，破坏了在幼儿园的生活作息规律，使幼儿很疲劳。因此，教师应与家长经常联系，共同保证幼儿生活的合理性、规律性，养成良好的生活习惯，从而使幼儿精力充沛地进行游戏和活动，防止幼儿注意的分散。

(3)无关刺激的干扰

幼儿很容易被新异、多变、强烈的刺激物所吸引，这些都容易使幼儿的注意分散。例如，幼儿正在听老师讲故事，教室里来了听课的老师，不少幼儿就会转头去注意，这就引起了幼儿的注意分散。这与引起幼儿无意注意的因素是一致的，无关刺激的干扰引起幼儿注意的分散，也就是引起了幼儿的无意注意。因此，恰当地避免无关刺激的干扰在组织幼儿的活动中显得非常重要。

在幼儿园班级环境的布置上不宜过分繁杂，教室外的嘈杂与喧闹之声、电话声、鸟叫声等都会成为引起幼儿注意分散的无关刺激。另外,教室的温度也要适宜,过冷或过热都容易引起幼儿注意的分散。

(4)注意转移能力水平低

注意的转移是指根据任务主动、及时地从一个对象或一种活动转移到另一个对象或另一种活动中去。幼儿注意的转移还不是很灵活,往往不能根据活动的需要及时将注意集中在当前应该注意的事物或活动上。例如,老师展示一个苹果的模型,让幼儿说说:"这个苹果是真的还是假的?你是怎么知道的?"幼儿对这个假苹果非常感兴趣,都用眼睛盯着苹果,而且还兴奋地说着什么。老师紧接着拿出一个梨,并提出同样的问题时,很多幼儿还是回答苹果是真的,苹果很好看。从这里可以看到,幼儿因为被前面内容吸引而长时间地受到影响,注意难以迅速地调整到新的活动上去。因而幼儿在从事新的活动时,心里还"惦记着"前一个事物,出现了注意的分散。因此,教师要善于组织幼儿活动,适当安排、有效地引导幼儿将注意保持在当前的活动上。

2. 防止幼儿注意分散的措施

(1)灵活的交互运用无意注意和有意注意

有意注意和无意注意是幼儿注意的两种形式,虽然幼儿的注意以无意注意为主,但是两种注意在活动过程中是相互补充、交替进行的。教师在活动中恰当地引导幼儿进行两种注意的转换,不仅有助于幼儿维持注意,防止注意分散,而且可以使幼儿在活动中减少疲劳,提高活动兴趣,产生愉快情绪,从而使幼儿的活动得以顺利地进行。教师在组织幼儿活动时,应设法使活动的方式与内容适合幼儿的特点,在可能的情况下增强活动的趣味性,以减少幼儿的疲劳。

(2)排除无关刺激的干扰

教室布置要整洁美观,注意区域划分;教师服饰美观大方,尽量穿园服或适合工作的服装,切记不要浓妆艳抹以分散幼儿注意力。教学用具要合理恰当,要及时呈现教具,在教学活动中也不要一次过多地呈现教具和玩具。

(3)合理安排作息制度

家庭尽量和幼儿园保持一致的作息制度,让幼儿得到充分休息。保证充足的睡眠和休息,这是注意力集中的基础条件。

(4)培养良好的注意习惯

培养良好的注意习惯有助于幼儿良好性格的养成。家长与教师可以让幼儿多参与一些需要集中注意力的活动,如听故事、拼图等。在幼儿专心致志做事时不要打扰幼儿,当需要帮助时适当地给予必要的帮助。

(5)要控制幼儿玩具和图书的数量

游戏活动进行时,如果玩具数量过多会导致幼儿分心,无法让幼儿对一个游戏进行深入和持久的探索，玩具过多会造成幼儿的兴趣发生转移，可以依据幼儿的年龄特点和身心发展的要求，结合自身的兴趣选择适合的玩具、教具。教师在开展游戏教学活动时，也要为幼儿保留足够的自我发现和探索时间。

(6)要求具体明确

家长对幼儿提要求时，喜欢反复说，担心幼儿记不住，这样不断重复会导致幼儿不用心听，还可能产生逆反心理。因此，教师和成人提要求时要具体明确，让幼儿记住即可。

(二)幼儿的“多动”现象与注意

幼儿注意的稳定性比较差，主要特征之一就是“多动”。“多动”与“多动症”是不同的概念。

多动即爱动，是幼儿的一个显著特点。幼儿期儿童爱动、爱玩，注意力不易集中、易受无关刺激干扰，但使用恰当的活动组织方式，幼儿是能够以自己的兴趣集中注意并很好地进行活动的。多动症又称为“轻微脑功能失调(MBD)”，是幼儿的一种行为问题。多动症幼儿比起同龄的孩子来说，注意力更不稳定，动作更多，严重的还容易出现过失行为。他们对很有趣的故事、游戏、玩具也不能保持稍长一点时间的注意，只能维持片刻。美国 Achenbach 幼儿行为量表研究指出，多动症幼儿的部分外在特征为：坐立不安，活动过多；糊里糊涂如在云里雾中；呆想；破坏自己的东西；冲动或行为粗鲁；学习能力差(如同龄幼儿会讲故事，多动症幼儿则不会)；动作不灵活；喜欢和年龄较小的幼儿在一起；言语有一定问题；情绪不稳定，易被激或大怒。这样的幼儿注意分散现象非常严重，只有在成人的严格要求下和不断督促中才能稍有注意进行活动。近几年的研究表明，多动症既有病理上的原因，又有心理上的原因，它的确定需要医疗机构的综合诊断。

对于幼儿教育中出现的注意力不稳定、好动等现象，教师不能就此给幼儿冠以“多动症”，要由医学的临床诊断、神经系统检查、测验等来确定。教师要审慎对待幼儿的多动现象，既不能轻率地把幼儿的爱动、多动现象归为多动症，也不能忽视幼儿注意的不稳定现象。教师要善于分析幼儿注意不稳定的原因，注重幼儿良好习惯的养成，在活动中逐渐提高幼儿的注意水平。

二、幼儿感知觉发展的特点与观察力培养

幼儿期儿童具有很强的好奇心和探索欲望，看见任何物体都想去摸一摸、动一动，其实这是幼儿认识事物的方式和获得经验的重要途径，家长和老师在确认安全的前提下应该允许幼儿的行为。

（一）幼儿感觉发展的特征

1. 视觉发展的表现

（1）视敏度不断提升

视敏度或视觉敏锐度是指幼儿分辨细小物体或远近物体细微部分的能力，也就是通常所说的视力。我国学者的研究表明，1～2岁儿童视力约为0.5～0.6；3岁时视力约为1.0，4～5岁时视力达1.2左右，6岁后趋于平稳。

随着年龄的增加，幼儿的视敏度在不断提高，但发展速度不是均衡的。4～5岁与5～6岁幼儿的视敏度水平差异较大，然而5～6岁与6～7岁幼儿的视敏度水平则较为接近。

（2）颜色视觉能力得到发展

颜色视觉是指区别颜色细微差异的能力，也称辨色力。幼儿期颜色视觉的发展主要表现为区别颜色细微差别能力逐渐提高。同时，幼儿期对颜色辨别和掌握颜色名称结合起来，据实验研究表明，幼儿颜色视觉发展有以下特点。

幼儿初期（3～4岁），已经能辨认红、橙、黄、绿、蓝等基本色，但辨认紫色等混合色、蓝与天蓝等近似颜色时往往较困难，也难以正确说出颜色的名称。

幼儿中期（4～5岁），大多数能够认识基本色、近似色，并能说出基本色的名称。

幼儿晚期（5～6岁），能够认识颜色，还能够在画图时运用各种颜色调出需要用的颜色，并能正确地说出黑、白、红、蓝、绿、黄、棕、灰、粉红、紫等颜色的名称。

2. 听觉发展的表现

（1）听觉感受性不断提高

听觉感受性包括听觉的绝对感受性和差别感受性。绝对感受性是指分辨最小声音的能力，差别感受性则指分辨不同声音的最小差别的能力。

听觉感受性有很大的个体差异性，有的幼儿感受性强，有的幼儿则比较低，这些个别差异性并非天生不变，幼儿的听觉在实际生活和教育条件的影响下不断发展，听觉感受性随年龄的不断增长而不断完善。听觉感受性在12岁前一直增长，与6岁幼儿相比，8岁幼儿的听觉感受性几乎增加了一倍。

（2）言语听觉能力增强

幼儿辨别语音是在实际生活的言语交际过程中发展和完善起来的。幼儿中期可以辨认语音的微小差别，到幼儿晚期几乎可以无困难地辨明本民族语言包含的各种语音。

教师要注意幼儿听觉方面的缺陷，尤其注意“重听”现象。“重听”是指有些幼儿对别人说话听得不清楚、不完全，但能根据说话者的面部表情、嘴唇的动作及当时的情境，猜到别人所说的内容。这种现象往往易被人们忽视，但“重听”对幼儿言语听觉、言语能力和智力的发展都会带来危害，应当引起成人的重视。

3. 触觉发展的表现

(1)视触觉的协调

触觉是肤觉和运动觉的联合，是幼儿认识世界的重要手段。

视触觉的协调主要表现为眼手探索活动的协调。眼手协调是婴儿认知发展过程中的重要里程碑，也是手部真正探索活动的开始。眼手协调动作出现的标志是伸手能抓握到东西，幼儿已经能很好地协调视觉和触觉，进而实现对客观事物更精确的反映。

(2)运动觉水平提高

幼儿运动觉的感受性随年龄的增长而提高，具体表现为幼儿初期对物体的大小、轻重和形状等属性的感知错误率高、精确性差。而幼儿初期所采用的方法往往是较低级的同时比较法，如同时对两个物体进行比较，找出异同。幼儿晚期感知错误明显减少，而在方法上也较多为相继性比较法，即先感知出现的一个物体，然后出现另一个物体，与前一个进行比较，找出异同。

此外，反应在唇、舌、声带等言语器官运动上的言语运动觉也在幼儿活动中不断发展。

(二)幼儿知觉发展的特征

1. 幼儿空间知觉的发展

空间知觉指的是对客体的空间位置、空间特性及空间关系的知觉，是由视觉、听觉、运动觉等多种感觉协同活动实现的。空间知觉主要有方位知觉、形状知觉和距离知觉。

(1)方位知觉的发展

方位知觉指的是个体对自身或物体所处位置的反应。幼儿方位知觉主要是对上下、前后、左右的掌握。幼儿方位知觉发展趋势如下。

3 岁辨别上下方位，4 岁开始辨别前后方位，5 岁能以自身为中心辨别左右方位，6 岁幼儿虽然能完全正确地辨别上下前后四个方位，但以方位的相对性来辨别左右仍然感觉到困难。如教师在音乐、体育活动教学过程中采用的“照镜子式”的示范动作，即以幼儿的角度来做示范动作时，儿童往往会出现方位判断错误的情况。7 岁开始能辨别以他人为基准的左右方位，以及两个物体之间的左右方位。

(2)形状知觉的发展

形状知觉就是对物体几何形状的知觉。

幼儿形状知觉发展很快，一般在小班时就能够掌握圆形、正方形和三角形，到了中班，能认识半圆、长方形等，会把两个半圆形拼成一个圆形；到了大班能够掌握梯形、菱形、五角形等。

(3)距离知觉的发展

距离知觉就是判断自身与物体或物体与物体之间距离的知觉。距离知觉又叫深度知觉。

幼儿可以分清他们所熟悉的物体或场所的远近,但对比较广阔的空间,他们还不能够正确地认识,幼儿常常不懂得近物大、远物小、近物清楚、远物模糊等感知距离的视觉信号。因此幼儿所画出的物体也是远近大小不分的,在图画中,不善于把现实物体的距离、位置、大小等空间特性正确地表现出来,不能正确地判断图画中人物的远近位置,如把图画中远处的树理解为小树,把近处的树理解为大树。因此,为促进幼儿距离知觉的发展,在现实生活中家长和教师可以引导幼儿运用分析、比较或用实际动作配合方法,如用手比一比、走步量一量、结合动作进行目测的练习等,进行距离知觉的训练。

2. 幼儿时间知觉的发展

时间知觉是很抽象的,对幼儿来说很难准确识别,人体也没有专门感知时间的对应分析器,对时间的感知通常是通过某种媒介实现的。幼儿时间知觉的发展趋势如下:

幼儿初期,已经有了一些初步的时间概念,但往往和具体的生活经验相联系。如"早晨"就是起床、吃饭、刷牙。会使用相对的时间概念,如"昨天""明天",但往往会用错,如可能说"我明天去过奶奶家了"。

幼儿中期,可以正确理解"昨天""明天",但相对较远时间如"前天""后天"等,理解起来仍然困难。

幼儿晚期,在前期发展基础上,开始能理解"前天""大后天"等,并学会看钟表等。但对于更大时间单位或更小时间单位,如月、分钟仍然辨别困难。

(1)时间知觉的精确性与幼儿年龄呈正相关,即年龄越大,准确性越高。

(2)幼儿的时间知觉与生活经验密切相关。

(3)幼儿对时间的理解表现出"由中间向两端""由近及远"的发展趋势,即幼儿时间概念的掌握是由"天(今天、明天、昨天)"向小的时间单位(整点、半点、分钟)和大的时间单位(星期、月、年)两端逐步实现的。

(4)幼儿开始学习使用计时工具,但对计时工具的意义不能很好地理解。

综上所述,向幼儿讲解时间概念,应该结合具体的事情,如后天去公园,要将"后天"解释为"后天就是睡了两个晚上后的那一天"。有规律的家庭和幼儿园生活与学习,如音乐体育活动中带有节奏的动作、观察自然界的规律性变化等,会对幼儿时间知觉的发展很有帮助。

(三)幼儿观察力发展的特点及培养

观察力是一种有目的、有计划、比较持久的知觉客观事物的能力。观察是知觉的高级形态，是人类认识客观现实的主动形式；观察力是人认识客观世界的重要能力，对智力的发展具有十分重要的作用。因此，幼儿教育中要重视培养幼儿的观察力。

1. 幼儿观察力发展的表现

首先，幼儿观察的目的性是逐渐加强的，这是指幼儿观察时由随意性向有特定目标转变。

其次，幼儿观察的持续性提高。观察的持续性提高是指幼儿观察时间随教育训练不断延长，从持续 4～5 分钟到 10 多分钟或更长时间。

再次，幼儿观察的系统性随年龄增长而逐渐提高。

最后，幼儿观察的概括性水平不断提高。幼儿初期观察到的信息是孤立的、零散的，只能认识到事物的表面或个别特征，还不能发现事物的本质特征，随年龄增长和教育的影响，到大班时其概括性水平不断提升。

根据丁祖荫的实验研究，幼儿对图形的认识能力发展分为“个别对象”“空间联系”“因果联系”与“对象整体”4 个阶段。而幼儿对图画的观察主要是处于“个别对象”和“空间联系”阶段，小学阶段才会过渡到“因果联系”与“对象整体”的阶段。幼儿的概括能力也是从知觉概括逐渐发展过渡到思维概括的。

总之，小班时观察活动的目的性不强，持续时间短，不够稳定；在正确教育观念的引导下，中班幼儿观察力的目的性和稳定性都有所提高；而到了大班，幼儿观察力的目的性和稳定性进一步增强，并且具有了一定的系统性和概括性。

2. 培养幼儿观察力的策略

培养观察力是幼儿教育十分重要的任务，学前教育教师要在把握幼儿观察力发展特点的基础上，通过有目的、有计划地设计各种教育活动，引导幼儿在活动过程中提高观察能力，促进儿童智力水平的发展。

(1)向幼儿提出观察的目的和任务

在观察活动中，教师首先要让幼儿明确从被观察的对象中寻找什么，使观察具有明确的选择性和针对性；同时，要发挥教师的语言指导作用，观察前提出启发引导性问题，观察中进行提示，有针对性地讲解，以更好地帮助幼儿明确目的，提高观察的稳定性。

(2)提供丰富的观察材料，引导幼儿观察概括

在安排观察活动时，要为幼儿提供丰富的观察材料，让幼儿在实际活动中学习概括。当然，教师为幼儿提供感知材料时，要注意每次出示的物体的本质属性不变，而其非本质属性要经常变化，以利于幼儿在观察中学习概括事物的本质属性。如让幼儿观察兔子的形象时，不要总是用白色的兔子，可出示灰色或黑色的兔子，让幼儿来概括兔子的本质属性。

(3)指导幼儿运用多种感觉器官参与观察

进行观察活动时，要提示、启发幼儿用多种感觉器官参加活动，如看一看、摸一摸、闻一闻、尝一尝，多渠道活动不仅可帮助幼儿对被观察对象形成立体知觉和印象，还有利于提高大脑皮层的分析综合活动的能力和活力。如观察兔子时，不但可用视、听感官进行，而且可以让幼儿用手触摸，并学一学兔子是怎么跳的，帮助幼儿形成有关兔子的完整印象。

(4)引导幼儿运用观察方法

在观察活动中，教师要按照事物本身的体系和特征，用提问或提示方法，引导幼儿有顺序地观察，帮助幼儿学会自上而下、从左到右、从前到后、从外到里、从近到远的观察方法。如观察动物时，可提示幼儿：先看看动物的头是什么样的，再看看动物的身体，最后再看看身体下面有什么(脚)等，在观察中依次提出问题，让幼儿按提问去观察。经常的指导练习，使得幼儿观察的效果显著，也能促进幼儿观察水平的提高。

拓展阅读

保护幼儿的感官

幼儿感觉器官的健康发展是感知能力发展的必要前提。因此，保护幼儿的感官(尤其是视觉和听觉器官)、防止发生病变十分重要。教师在日常活动中，要重视幼儿感官卫生教育。

1. 经常提醒幼儿注意用眼、用耳的卫生

要求幼儿不要用脏手或脏手帕去揉擦眼睛，不要在光线太强(如太阳光直射)或太暗的地方看书、画画，不在车、船上看书，不在走路时看书，不随意挖耳朵等，以防止这些器官病变。

2. 对有感官缺陷的幼儿给予必要的帮助

对有感官缺陷的幼儿要及时和家长联系，帮助及时治疗，同时在幼儿园活动和生活中，给这些孩子以必要的帮助，如在集体活动时，让近视、弱视、重听等幼儿尽量靠前坐等。

三、幼儿记忆的发展特点及记忆力培养

记忆主要是以再认和再现的方式表现出来的。进入幼儿期后，由于神经系统，特别是额叶的成熟，口头言语迅速发展，生活经验不断丰富，儿童的记忆能力有了很大提高。

(一)幼儿记忆发展的表现

1. 幼儿记忆保持时间逐渐延长

记忆保持时间是指从识记材料开始到能对材料再认或回忆之间的时间,也称为记忆的潜伏期。幼儿记忆保持的时间长度可以从再认或回忆的潜伏期来看,再认或回忆的潜伏期随着年龄的增长而延长。

短时记忆和长时记忆表明了记忆保持时间的不同,幼儿最初出现的记忆属于短时记忆,长时记忆出现和发展稍晚。短时记忆比长时记忆出现得早,这和幼儿大脑发育,即记忆生理基础的成熟有关。短时记忆的痕迹是机能性的,长时记忆的痕迹是结构性的,即有关的神经组织发生了结构性的变化,结构性的变化包括神经细胞突触联系的增长、传递物质的变化、神经细胞内部发生的变化。

幼儿记忆是不断随年龄增长而逐渐增长的,记忆保持的时间也逐渐延长。

幼儿初期,3 岁左右的幼儿可以再认几个月前、回忆几周前识记的材料。

幼儿中期,4 岁左右的幼儿可以再认 1 年前、回忆几个月前识记的材料。

幼儿晚期,5 岁左右开始出现能保持很久的终身记忆。

在幼儿记忆保持时间的发展中,存在两种独特的现象:“幼年健忘”和“记忆恢复现象”。幼儿健忘是指 3 岁前幼儿的记忆一般不能永久保持。有研究者认为这种现象与幼儿脑的发育有关。幼儿脑的各个区域不是同时发育成熟的,而是有先后顺序的。先发育的脑区域在 3 岁左右承担了记忆的任务,但随着脑的其他区域的发展,晚成熟的脑区域控制了先成熟的脑区域,从而妨碍了原先所学东西的保持,使人回忆不起更早发生的事情。

记忆恢复(回涨)现象是指在一定条件下,学习后过几天测得的保持量比学习后立即测得的保持量要高。这一种现象最早是由巴拉德在 1913 年发现的。国内的相关研究发现,这一个特点在年幼的幼儿身上体现得更为明显。洪德厚曾让小、中、大班幼儿识记故事,然后间隔 3 天、7 天、14 天检查其记忆保持量。结果发现幼儿小班的记忆恢复现象比中、大班更为明显。产生记忆恢复(回涨)现象的原因可能是幼儿的神经系统还比较弱,刚识记时接受大量的新异刺激,神经系统疲乏了,便转入抑制状态,所以不能马上恢复,过了一段时间后,经过休息便能回忆出来。5 周岁左右,幼儿开始出现终身不忘的记忆。

2. 幼儿无意记忆占优势,有意记忆初步发展

幼儿期间,儿童记忆主要表现为无意记忆占优势,对多数信息的保存都是在无意中实现的。随着幼儿言语的发展和教育的作用,有意记忆开始发展。如幼儿老师常要求小朋友背诵一些简单的儿歌,到中大班,又要求孩子复述故事,要他们回忆星期天干了什么等,这些有意识的训练能提高幼儿的有意记忆能力。

中班以后,孩子的言语能力发展得很快,与之相联系的记忆力也发生了质的变

化。中、大班幼儿不仅能努力记住和再现所需要的材料，还能运用一些最简单的方法来加强记忆。如一位5岁的幼儿，在听了老师的嘱托以后说："请你再讲一遍，要不，我会忘的。"但幼儿的有意记忆发展的水平较低。

活动的动机对幼儿记忆的有意性和积极性有很大的影响。实验证明，幼儿在游戏中的有意记忆效果比在实验条件下的有意记忆效果好。这是因为在游戏中的游戏规则和孩子自身的活动有关，若不记住并严格遵守，则不能再次参加游戏，关系到他的切身利益，主观上他会努力去记规则，而在实验条件中，一般都是主试要求他这样做他才这样做，他是被动的，记忆积极性不高，所以幼儿活动的动机深深影响着有意记忆的积极性和记忆效果。

3. 幼儿以形象记忆为主，词语逻辑记忆逐步发展

在幼儿的记忆发展中，形象记忆占主要地位，此时的儿童最容易记住的是那些具体的、直观的材料，或者是亲身经历的事件与情境。

同时，幼儿的词语逻辑记忆也开始发展。词语逻辑记忆是以概念、判断、推理等为内容的记忆，如对定理、公式等的记忆就是逻辑记忆。幼儿词语逻辑记忆出现得比较晚，是随幼儿言语和思维的发展而逐渐形成的。对各年龄段幼儿来说，形象记忆和词语逻辑记忆的能力均随年龄的增长而提高，并且词语记忆发展速度快于形象记忆。但是，由于幼儿的思维能力很低，言语尚不能在词语记忆中独立起作用，所以幼儿形象记忆效果好于词语逻辑记忆。

研究表明，幼儿记忆熟悉的事物和熟悉的词，比记忆生疏的事物和词的效果好，原因在于前者有语词参加。对于熟悉的事物，幼儿一般掌握了它们的名称，记忆中形象和语词是紧密联系在一起的。当幼儿在记忆熟悉的词时，它所代表的事物的形象就马上呈现在头脑中，成为词语记忆的形象支持，因此，记忆效果明显优于记忆生词，形象与词语的结合有利于提高记忆效果。

4. 幼儿记忆的理解和组织程度逐渐提高

与成人相比较，幼儿常常运用机械记忆，他们反复背诵一些自己并不了解的材料，显得不是那么困难。幼儿相对较多运用机械记忆，可能出于两个原因：①幼儿大脑皮质的反应性较强，感知一些不理解的事物也能够留下痕迹；②幼儿对事物的理解能力较差，对许多识记材料不理解，不会进行加工，只能死记硬背进行机械记忆。随幼儿言语和思维的发展、教育的影响，幼儿中班以后理解能力会增强，大班时儿童能主动根据记忆任务对材料进行组织，提高记忆效果。

(二)幼儿记忆力的培养

1. 依据幼儿记忆发展特点，开展针对性教育活动

幼儿以无意记忆为主，要提高幼儿的记忆效果，活动主要依据下列因素：活动材料的性质有吸引力、活动与幼儿主体的关系紧密度高、记忆对象成为幼儿活动追

求的对象、活动中运用多种感官参与。

幼儿参加活动的兴趣不同，记忆的效果也不同。幼儿对竞赛性活动的兴趣较强，积极性高，记忆效果就好；积极性动机不强，记忆效果就差。

著名的教育家陶行知先生曾说过："培养教育人和种花木一样，首先要认识花木的特点，区别不同的情况给以施肥、浇水和培养教育"。幼儿记忆力培养还要注意因材施教。

2. 依据记忆的保持及遗忘规律开展活动

保持和遗忘是记忆活动的两个方面，遗忘是幼儿的正常心理特点，而持续的巩固活动是记忆的必然过程，只有不断地保持和巩固活动，才能真正地达到记忆的目的。记忆在最开始的时候遗忘是最快的，而幼儿的记忆保持时间较短，正确性较差，更容易发生遗忘，及时合理的科学复习尤为重要，因此教师要采用多样化的方式加深记忆的痕迹，要根据记忆材料的特点，设计和呈现不同记忆的形式和方法，帮助幼儿进行有趣的巩固，提高记忆的有效性。

3. 给幼儿的识记材料要形象、生动、有趣

幼儿的思维是具体形象的，生动、活泼、色彩鲜艳的物品能吸引幼儿的注意，记忆的效果也会更佳，因此，教师要学会运用多样化的方式增强记忆内容的生动性、形象性、趣味性，激发幼儿的兴趣。

4. 帮助幼儿理解识记材料

研究表明，幼儿对材料理解得充分，对于材料识记的效果会更好，因此教师要多帮助幼儿理解所要记忆的材料，让材料与其生活经验相联系，加深其理解，便于更好地记忆。

5. 让幼儿利用多种感官参与记忆过程

研究表明，多种感觉的参与使记忆的效果更好。在教育中教师要让幼儿在操作中去记忆，在活动中动用多种感觉器官参与，获得不同的感官体验，加深理解，增强记忆效果。

拓展阅读

(一)幼儿记忆的策略及应用

1. 幼儿记忆策略发展的阶段

记忆策略是指能够增强记忆效果的方法，记忆有意性的发展和记忆策略的形成有密切联系，可以说，幼儿有了自觉完成记忆的任务以后，也就产生了运用记忆策略的要求，并且在实践中逐渐形成运用记忆策略的能力。在幼儿记忆活动的各个阶段，都可以运用记忆策略，不同年龄的记忆能力差异，主要与他们使用记忆策

略的能力有关，一般来说，记忆策略的发展具有三个特征：

(1)记忆策略产生于使人对记忆材料做最佳加工的作业中。

(2)记忆策略首先出现在材料易于使用的情况下。

(3)随着幼儿年龄和知识经验的增长，他们可在各种情境中更为活跃地使用记忆策略。幼儿的记忆策略经历了一个从无到有的发展过程，这一个过程分为四个阶段：

① 无策略阶段(0～5 岁)：幼儿既不能自发地使用某一种记忆策略，也不能在他人的要求或暗示下使用策略。

② 部分策略阶段(5～7 岁)：幼儿能部分地使用策略或使用一种策略的某种变式，表现为幼儿在有些场合能使用记忆策略，而在另一些场合却不能使用策略。

③ 策略效果脱节阶段(7～10 岁)：儿童能在各种场合使用某一种策略，但记忆效果并没有因策略的使用而提高，表现为记忆成绩滞后于策略使用的脱节现象

④ 有效策略阶段(10 岁以后)：儿童能熟练地运用记忆策略，并有效地提高记忆成绩。

2. 幼儿记忆策略的种类

幼儿的记忆策略处于无策略向部分策略发展的阶段，他们运用的记忆策略有以下几种：

(1)视觉复述策略

幼儿在记忆过程中使用的一个最为简单的策略，就是将自己的注意力有选择地集中在所要记住的事物上，如不断地注视目标刺激，以加强记忆，这可以视为一种"视觉复述"。幼儿很早就表现出使用记忆策略的倾向。

(2)定位策略

幼儿将目标刺激"贴上"某种特定的标签以便于记忆。海斯尔等进行了一项研究：主试让幼儿将一个小物品藏在一个有 196 个格子的棋盘中，并要求幼儿尽可能记住物品所藏的位置。结果发现，5 岁以上的幼儿倾向于选择那些较有特点的位置(如棋盘的某一个角落)去藏物品；而 3 岁的幼儿就不会使用这种策略，但 3 岁幼儿知道在同一个实验的不同次别里将物品藏在同一个位置会便于以后寻找。

(3)复述策略

在记忆过程中，幼儿不断地重复需要记忆的内容，以便准确牢固地记住这些信息。复述是一个常用的有效记忆策略，也是将短时记忆转化为长时记忆的必要手段，随着幼儿年龄的增长，使用复述策略的质量在提升。

(4)组织性策略

主体在记忆过程中将记忆材料按不同的意义组织成各种类别的材料，通过编各种主题使它们产生意义联系，或对内容进行改组，以便于记忆的方法，称为组织

性策略。

(5)提取策略

个体在回忆过程中,将贮存于长期记忆中的特定信息回收到意识水平上的方法和手段称为提取策略,再认和再现都需要运用提取策略。当然,再现比再认要困难得多。幼儿在记忆能力上表现出的年龄差异和个体差异,主要是由提取能力的不同造成的。

(二)幼儿记忆发展中易出现的问题及教育措施

1. 偶发记忆

这种现象是指当要求幼儿记住某样东西时,他记住的往往是和这件东西一起出现的其他东西。教师要重视幼儿这种特有的记忆现象,注意引导幼儿朝有意记忆方向努力发展。

2.“说谎”问题

幼儿的记忆存在着正确性的特点,容易受暗示,容易把现实与想象混淆,用自己虚构的内容来补充记忆中残缺的部分,把主观臆想的事情,当作自己亲身经历过的事情来回忆。因此,教师不能随便指责幼儿“不诚实”,而是要耐心地帮助孩子把事情弄清楚,把现实的东西和想象的东西区分开来。

3. 记忆有意性差

在实际教育过程中,家长与老师要顾及幼儿无意记忆占优势的特点,要有意识地向幼儿提出有意记忆任务,增强记忆效果。

4. 记忆方法运用水平低

幼儿由于年龄较低,受思维水平的发展限制,并没有掌握一定的记忆策略和方法,或者水平较低,因此,要求成人对幼儿进行有针对性的方法的学习。

四、幼儿想象发展的特点与想象能力培养

(一)幼儿想象发展的表现

1. 幼儿以无意想象为主,有意想象开始发展

(1)幼儿无意想象发展的特征

幼儿以无意想象为主,其特征主要体现在以下三个方面。

第一,想象的目的性不明确。小班时,幼儿的想象常是由外界刺激物直接引起的,想象活动不能指向一定的目的,如幼儿拿起小竹竿,就把它想象成一匹小马,可以进行骑马活动。在幼儿园晨间活动中,小班幼儿在玩胶粒插塑,问他想搭个什么呀？他不吱声,等搭好了,在成人看来不像个什么,他就告诉你,这是望远镜。孩子

越小，想象的目的越不明确，也就越满足于想象过程。

第二，想象的主题易受外界的干扰而转换。幼儿初期时，想象不能按一定的目的坚持下去，很容易由于兴趣消失或外部干扰从一个主题转换到另一个主题。这主要是由幼儿初期孩子的直觉行动性思维水平决定的，如小班游戏中，孩子一会儿当服务员，一会儿又去当老师；在画画时，自己在画树，看到别人画兔子，他又去画兔子吃萝卜。可见幼儿想象主题极不稳定，易受干扰而变化。

第三，幼儿想象过程表现出很强的兴趣和情绪性。幼儿对游戏和学习感兴趣，他就会长时间去想象，专注于活动之中；而对不感兴趣的活动，则缺乏想象，往往是消极地应付或远离活动。如大班孩子玩塑料插花，只玩一会儿就会因为塑料插花过于简单而难以产生兴趣。因此幼儿想象过程的方向、想象的结果、想象的丰富程度受情绪和兴趣的影响较大。情绪高涨时，幼儿想象就活跃，不断出现新的想象结果。在幼儿园，老师亲了一下孩子，那么他就会产生丰富的联想，头脑中浮现出老师喜欢他的情景。又如"老鹰捉小鸡"的游戏本应以小鸡被老鹰抓走而告终，可孩子们同情小鸡，又产生这样的想象：鸡妈妈和鸡爸爸赶来，把老鹰啄死，救回了小鸡。

(2)幼儿有意想象开始发展

有意想象是指根据一定的目的，自觉地创造出新形象的过程。在教育的影响下，幼儿的有意想象开始发展。中班以后，幼儿的想象已有一定的有意性和目的性，如通过老师对故事前半部分的描述，幼儿会有意想象，续编故事的结尾。续编故事体现出孩子已有明确的想象目的，想象的有意性开始发展了，而且想象的内容也日益丰富。

大班以后，幼儿的想象还有了独立性。如有的孩子在听了神话故事后，会为主人公的命运担心，而有的小朋友则会说："不用怕，这故事是假的。"从中不难看出，随着年龄的增长，幼儿想象的有意性开始发展，并逐步丰富起来。

2. 幼儿以再造想象为主，创造想象开始发展

按想象内容的新颖性、独立性和创造性，想象可分为再造想象和创造想象。

再造想象是指根据对没有直接感知过的事物的语言文字的描述或图样、图纸、符号的示意，而在头脑中形成有关客体新形象的过程。这里的"再造"，一方面是指这些新形象对自己而言没有亲身感知过，是仅根据当前任务和所提供的材料，在词语或其他符号的调节下运用个人经验在头脑中加工再造出来的。如读着鲁迅的《阿Q正传》，脑中浮现出阿Q的形象来；另一方面这种新形象并非自己独创，如看着书上的介绍，自己尝试制作衣服。

创造想象是指根据一定的目的和任务，不依赖现存的描述而独立创造出新形象的过程。它比再造想象更复杂、更困难，具有很大的独特性和创造性，如鲁迅创

作的阿Q形象、科学家的发明创造等。

(1)幼儿再造想象的发展表现

整个幼儿时期，儿童是以再造想象为主的。表现为想象在很大程度上具有复制性和模仿性，如孩子看到布娃娃，会随手抓起并做出喂其吃东西和哄其睡觉的动作。幼儿的行为实际上是模仿妈妈的动作，离不开自身的生活经验。因此可以说小班幼儿的再造想象是以复制式再造想象为主的。这时处于较低水平的想象，对独立性和创造性要求较少，从内容上可分为5类，即经验性想象、情境性想象、愿望性想象、拟人化想象、夸张性想象。

经验性想象：幼儿凭借个人生活经验和个人经历开展想象活动。如中班的超超对夏日的想象是小朋友们在水上世界玩，一会儿游泳，一会儿玩滑梯，一会儿又吃冷饮。

情境性想象：幼儿的想象活动是由画面的整个情境引起的。如中班的霓霓对"暑假"的想象是坐在电风扇下，阿婆从冰箱中拿出西瓜让我们一起吃。

愿望性想象：在想象中表露出个人的愿望。如大班的苏立说："妈妈，我长大了也想和你一样，做一个老师。"

拟人化想象：把客观物体想象成人，用人的生活、思想、情感、语言等去描述。如中班的乐乐去"海底世界"玩，回来后对妈妈说："有的鱼睁着眼睛在盯着我看，好像在说我似乎认识你。"

夸张性想象：幼儿常常喜欢夸大事物的某些特征和情节。如在幼儿的画中，可以发现幼儿画的长颈鹿从比例来看，脖子特别长，画的大象的头特别大，鼻子特别长，这些夸大部分常是幼儿印象深刻的部分。

(2)幼儿创造想象的发展表现

在教育的影响下，幼儿在中班以后，再造想象中开始出现创造性的成分。如画了大轮船以后，会在旁边画上几条小鱼；在画了节日的大灯笼后，会在旁边添几个气球等。有时，幼儿也会有一些富有创造性的作品，如胡晓舟的《在月亮上荡秋千》美术作品，已萌发出非常可喜的创造因素。老师对于幼儿的创意表现要给予保护、鼓励，并创造条件促使幼儿创造性想象得以发展。

3. 幼儿想象有与现实混淆的现象

幼儿时期，常将想象与现实混淆，表现在三个方面：

(1)把渴望得到的东西说成已经得到。如有的幼儿看到别人有漂亮的娃娃或"冲锋枪"，他会说："我们家也有。"可事实上没有。

(2)把希望发生的事情当成已发生的事情来描述。如一位中班小朋友听邻居讲去海洋公园玩的事，很开心。于是这位小朋友也有了去海洋公园玩的愿望。他把玩的"过程"想象(根据别人的描述而想象)了一下，然后到幼儿园去对同伴说他自己去海洋公园玩的“经历”。

(3)在参加游戏或欣赏文艺作品时，往往身临其境，与角色产生同样的情绪反应。如幼儿园里小班幼儿正在玩“狡猾的狐狸，你在哪里”的游戏，当老师扮演的狐狸逮着小鸡(小朋友饰)，装着要吃他的时候，这个孩子大哭起来，拼命挣扎说：“你是老师，怎么可以吃人呢!”

整个幼儿时期，幼儿的想象以无意想象为主，有意想象逐步发展；以再造想象为主，创造性想象成分不断增多；想象有时会与现实混淆。由于幼儿期是想象发展的起步时期，幼儿的想象也日益丰富，因此有人说，幼儿时期是想象发展最快的时期，幼儿甚至比成人更富于想象，这是不正确的。因为想象的水平直接取决于表象的数量和质量以及分析综合能力的发展程度，而幼儿的知识经验和语言水平都远不如成人，且表象的丰富性和准确性都较差，思维水平较低，所以幼儿想象的有意性、协调性、丰富性和创造性都不会超过成人。

(二)幼儿想象力的培养策略

1. 丰富幼儿的表象，发展口头表达能力

表象是想象的材料，表象的数量和质量直接影响着想象的水平。表象越丰富、越准确，想象就越新颖、越深刻、越合理。反之想象就会是狭窄、肤浅甚至是荒诞的。因此教师在各种活动中，要依据主题选用直观手段，帮助幼儿积累丰富的表象，使他们获得更多想象加工的“原材料”。语言可以表现想象，语言水平直接影响想象的发展。幼儿在表达自己的想象内容时能进一步激发起想象活动，使想象内容更加丰富。因此，教师要重视发展幼儿的口头表达力，如在语言教育活动中，让幼儿讲故事、复述故事、创编故事；在科学活动中，让幼儿用丰富、正确、清晰、生动形象的语言来描绘事物，表达自己的发现、体验等，这些都是发展幼儿言语能力的途径。

2. 通过文学艺术等活动，发展幼儿的想象力

文学活动中的故事、儿歌、诗歌、儿童剧等，包含了丰富的形象，能发展幼儿的再造想象；语言教育活动中的创造性讲述，更能激发幼儿广泛的联想，并在已有经验的基础上构思、加工，创造出有创意的内容。如在大班续编故事时，老师将故事的前半部分讲清楚，关键处就不讲了，让孩子结合经验和想象往下讲，效果很好。幼儿园多种艺术教育活动也是培养幼儿想象发展的有利条件，如美术活动中的主题画，要求幼儿围绕主题开展想象，而意愿画能活跃幼儿的想象力，使他们无拘无束，构思、创造出各种新形象；音乐、舞蹈是美的，幼儿可以在表演过程中，运用自己的想象去理解艺术形象，再创造性地表达出来。这都是发展幼儿想象力的有效途径。

3. 游戏活动中鼓励和引导幼儿大胆想象

在游戏活动中，特别是角色游戏和造型游戏中，随着扮演的角色和游戏情节的发展变化，幼儿的想象异常活跃。如抱着娃娃时，幼儿不仅把自己想象成“妈妈”，

还要想象"妈妈"怎样去爱护自己的"孩子"。于是她一会儿喂娃娃吃饭，一会儿哄娃娃睡觉，一会儿又抱娃娃上"医院"看病，送娃娃去"托儿所"等。幼儿的想象力正是在这种有趣的游戏活动中逐渐发展起来的，游戏的内容越丰富，想象就越活跃，因此老师要为幼儿多提供玩具和游戏的材料，引导幼儿积极参与各种游戏，鼓励幼儿大胆想象，促进幼儿想象的发展。

4. 设计和组织丰富多样的活动

幼儿教育中教师要结合五大领域的教育内容设计和开展多种形式的想象活动，也可在运动会、传统节日纪念活动、庆祝活动等当中引导幼儿积极参与，发展幼儿的想象能力。

五、幼儿思维发展的特点及思维能力培养

(一)幼儿思维发展的基本特征

整个幼儿期儿童的思维发展特征为:幼儿初期以直观行动思维为主，具体形象思维逐步发展;幼儿中期以后以具体形象思维为主;幼儿晚期抽象思维开始萌芽。在幼儿思维发展过程中，动作和言语对思维的发展起着重要作用，具体表现为动作的作用是由大到小的，言语的作用则是由小到大的。

1. 幼儿初期儿童的思维以直观行动思维为主，言语起总结作用

幼儿初期，即3岁左右，思维仍保留很大的直观行动性。他们的思维活动离不开对事物的直接感知，并依赖于自身的行动。这时期幼儿的思维还依赖于一定的情境，开展游戏时很大程度上要依赖于玩具和活动环境。玩具作为幼儿游戏的物质前提，在这一个时期体现得最为突出。如在娃娃家中，如果老师只给幼儿提供娃娃，那么他们就会反复地抱着娃娃玩;如果老师又给他们提供了娃娃的衣服、小碗、小勺和小杯等物品，他们不仅会给娃娃穿衣服，还会给娃娃喂饭、喂水。

思维活动主要依靠动作进行，言语只是行动的总结。实验研究发现，幼儿初期，儿童在活动中拿到图形后往往立即着手行动。如实验者要求幼儿把小图形拼成一张图，并要求在拼图前说出将要拼什么样的图，拼完后再说明是怎样拼成的。幼儿会说:"瞧，现在我要拼东西了。"但不能说出拼图的目标和计划。拼完以后，他们惊讶地发现自己拼出的结果。如，有的孩子发现自己拼了"一个老大爷在挖沙"或"一个男孩在骑马"，言语在这里只是总结自己的动作。幼儿的动作不受言语支配而受视觉形象支配，是依靠再认眼前图形而建立"短时"的联系。可见，幼儿初期的思维特点带有明显的直观行动性。

2. 幼儿中期，儿童的思维发展过渡到以具体形象思维为主，言语伴随动作进行

幼儿中期，在一定的生活环境和教育影响下，幼儿的思维在前一个阶段的基础

上有了进一步的发展,思维逐渐摆脱了对行动的依赖,过渡到以具体形象思维为主。具体形象思维是运用已有直观形象(表象)解决问题的思维,幼儿在直接经验不断增加、表象日益丰富的基础上,具体形象思维能力迅速提高。

幼儿中期,言语伴随动作进行。幼儿往往是在解决问题过程中一边做,一边说,言语和行动似乎总是不分离。幼儿在开始行动之后,通常只能笼统地说出要拼什么东西。在行动过程中,用语言概括着每一个解决问题的动作,同时计划着下一步的行动,并且把每一次的零星结果去同面临的任务对照,完成了动作以后的言语总是比动作开始以前要丰富些。

3. 幼儿晚期,儿童仍以具体形象思维为主,但抽象逻辑思维开始萌芽,言语对思维起指导作用

幼儿初期,由于思维水平和生活经验的局限,幼儿只能认识事物的外部特征,但到了幼儿晚期,幼儿开始能够对事物的一些本质特征进行初步认识。

幼儿晚期思维主要依靠言语进行,言语先于动作出现,并起着计划动作的作用。此时幼儿能在感知事物时分辨出其主要特征,在行动之前能够完全用语言表述行动目标和计划。由于能够概括地感知各个实物的特征及其相关性,能够用语言来表述实物之间的联系,幼儿晚期思维具有了一定的综合性、概括性。此时幼儿的言语出现于动作之前,而动作之后的言语只不过是行动前语言的简单重述,有时比行动前的语言还要简单。

(二)幼儿思维形式的发展

思维形式是指思维的逻辑形式,包括概念、判断和推理。

1. 幼儿概念形成的特点

概念是人脑对客观事物的一般特征和本质的反映,是在概括的基础上形成的。

幼儿对概念的掌握受其概括能力发展水平的制约,幼儿期的概括能力主要属于形象水平,这也决定了他们掌握概念的基本特点。幼儿概括的水平有以下两个特点:一是概括的内容比较贫乏,幼儿最初掌握的每一个词只代表一个或某一些具体事物,而不是代表这一类事物的共同特征,例如,“猫”只代表自己家里的那只猫或少数他所见过的猫,到幼儿晚期,所概括的内容才逐渐丰富起来;二是幼儿概括的特征很多是外部的、非本质的,例如,幼儿对人、马、虎的概括是根据外表特征进行的,理由是都有头,有身子,有脚。从 6 岁起,特别是 7 岁以后,儿童逐渐从事物的本质特征角度进行概括,他们认为人、马、虎是有生命的、活的、能生长的。

正是由于概括水平的限制,幼儿掌握概念的内涵和外延往往是不准确的,如幼儿认为“老爷爷”就是“头发白了的人”或“拄着拐杖的人”。同时,他们所掌握的大

多是日常生活中能接触到的具体实物概念，而不容易掌握比较抽象的概念、关系概念、道德概念。只有到了幼儿晚期，幼儿才开始掌握一些比较抽象的概念，如野兽、动物、家具、团结等。

幼儿在对实物概念和数概念的掌握方面具有较显著的表现。

(1)幼儿掌握实物概念的特点

根据林崇德等的研究，学前儿童掌握实物概念的发展水平为：

小班时，实物概念的基本内容代表着所熟悉的某一个或某一些事物。例如，问："什么是马？"答："那个。"(指幼儿所见过的马)

中班时，能在概括的基础上指出实物的某些比较突出的特征，特别是功用上的特征，例如问："什么是马？"答："马是拉车的。"

大班时，开始能指出某一个实物若干特征的总和，但还只限于所熟悉的事物的某些外部或内部特征，而不能将本质的和非本质的特征很好地加以区分。例如问："什么是马？"答："马有头、尾巴、四只脚，会拉车。"

在正确的教育下，大班幼儿也能初步掌握某一个实物概念的本质特征。例如，"马是兽类"或"马是动物"等。

总体来说，幼儿最初掌握的大多都是一些具体实物的名称，即具体概念，如"苹果""橘子""汽车""玩具""游戏"等，能先掌握的某些事物概念往往与幼儿经常接触这些实物有关。

(2)幼儿数概念的发展水平

数概念比实物概念更抽象，掌握数概念比掌握实物概念要困难，是逻辑思维发展的重要表现。数概念的发展是幼儿概念发展的一个重要领域。

① 儿童数概念的萌芽

学前幼儿数概念的掌握可分为三个阶段。

辨数。对物体大小或多少的模糊认识。例如，1.5～2 岁的孩子，有些还不太会讲话，但知道伸手去抓数量多的糖果或大的苹果。

认数。产生对物体整个数目的知觉。3 岁前的儿童还不会口头数数，但是能根据成人的指示，拿出 1 个、2 个或 3 个物体。

点数。幼儿在 3.5～4 岁时能对给出的物进行点数，即能较好地将物与数对应起来，开始形成数概念。

可见，3 岁前幼儿对数的认识主要处于知觉阶段，此时他们只能说是出现了数概念的萌芽，数概念主要在 3 岁以后发展形成。

② 幼儿数概念的发展表现

幼儿掌握数概念是一个从具体到抽象的发展过程，是从感知和动作开始计数的，不但要用眼看，而且要动手去数；随年龄增长，幼儿可以逐渐减少用手点数的动作，主要凭视觉数出物体的数量，用眼看实物，嘴里默默地数。有时还用点头来帮助数数，似乎以头的动作代替手的动作。

幼儿主要从数的顺序、数的实际意义、数的组成（“4”由 1 和 3、2 和 2 组成等）三个方面来理解和掌握数，以能从各种具体对象中抽出事物的数量关系，并和相应的数字建立联系为标志。

幼儿数概念发展大约经历了 4 个阶段：口头数数→按物点数→按数取物→掌握数概念。一般 3 岁幼儿已经能够学会口头数 10 以内的数，能基本记住数的顺序，但是还不能将物与数真正对应起来；4 岁左右逐渐学习口手一致地数物体方法，即按物点数，然后学会说出物体总数，这表明幼儿基本掌握了数的实际意义。掌握数的组成是幼儿形成数概念的关键。幼儿学会点数物体总数以后，逐渐能够学会用实物进行 10 以内的加减计算。

研究表明，2～3 岁、5～6 岁是幼儿数概念形成和发展的关键年龄。

2. 幼儿判断和推理的发展

由于幼儿思维以具体形象为主，在判断事物时常表现出从事物外在或表面特点出发，判断和推理的能力还处在较低的水平，具体表现在 3 个方面。

(1)幼儿对事物的判断、推理往往不合逻辑。

(2)把观察到的事物之间的表面现象或事物之间偶然的外部联系作为判断事物的依据。如让幼儿比较三支铅笔：“为什么第一支和第三支比第二支长？”不少幼儿会说：“因为它是黄的，我妈那天还给我削铅笔呢！”

(3)以自身的生活经验作为判断、推理的依据。幼儿在对事物进行判断、推理时，常以自己的感受或经历过的事情为依据，例如，问一个中班幼儿：“为什么皮球会滚下来呢？”幼儿根据自己的经验回答说：“因为它不愿意待在椅子上。”

3. 幼儿理解事物的特点

由于受经验和思维发展水平的限制，幼儿理解事物的水平不高，也不深刻，常受外部条件的影响。幼儿对事物的理解常是孤立的，不能发现事物之间的内在关系。年龄越小的幼儿表现越明显。如让幼儿看一幅图，幼儿初期的孩子常常看到的只是自己感兴趣或特征较明显的个别人或物。

幼儿对事物的理解主要依靠事物的具体形象。如在听故事时，常需要图形或实物来辅助，或者依靠生动的语言引起头脑中的事物形象来帮助理解。

(三)幼儿思维能力培养的策略

在组织幼儿开展各种活动时要充分认识和理解幼儿思维的特点，有针对性地开展活动和有效地促进幼儿思维能力的发展。

1. 了解幼儿思维发展的水平，重视具体形象思维能力的培养

幼儿期儿童以培养具体形象思维能力为主，学前教育中教师要从幼儿实际出

发，在五大领域组织开展多种形式的活动，引导儿童在感知、探索、操作等过程中发展具体形象思维能力。

2. 丰富幼儿的感性经验

各种事物在头脑中的形象是幼儿思维的基础，要重视幼儿在各种活动中所积累起来的感性经验，使幼儿能在头脑中形成清晰的印象。幼儿教育要在各种活动中为幼儿提供大量可以直接感知和操作的玩具、活动材料，既能确保幼儿的活动会有效地开展，又能让儿童获得充分的感知和体验，有目的、有计划、合理地引导幼儿形成对事物的清晰表象，为思维活动积累素材。

3. 幼儿园开展的教学要坚持直观性原则

教学是幼儿园重要的教育活动，也是幼儿思维能力培养的重要途径。教师在教学中要尽可能为幼儿提供具体、鲜明、形象、生动的教具和活动材料，为幼儿创造更多参与活动和操作的条件与机会，让幼儿多动手、动口、动脑，把儿童的学、做、说、思有机结合起来。

4. 组织丰富的活动，激发幼儿的好奇心

好奇心和兴趣是幼儿主动参与游戏和各种活动的内在心理动因，因此，开展教育活动要从幼儿出发，以幼儿为本，在各类活动中运用多种手段和方法，充分激发幼儿的好奇心和求知欲，满足儿童的需要和兴趣，让幼儿在活动中积极思考、大胆探索，在快乐的体验中获得思维的发展。

拓展阅读

3～6岁幼儿具体形象思维的特点

具体性

幼儿思维的内容是具体的。幼儿在思考问题时，总是借助于具体事物或具体事物的表象。幼儿容易掌握那些代表实际东西的概念，不容易掌握比较抽象的概念，如“交通工具”这个概念比较抽象，而“小汽车”这个概念较为具体，所以幼儿掌握“小汽车”这个概念比“交通工具”要容易。幼儿对具体的语言容易理解，对抽象的语言则不易理解，如老师说：“喝完水的小朋友把杯子放到柜子里去！”刚入园的幼儿都没有反应。但老师如果说：“明明，把杯子放到柜子里去吧！”这时明明就会理解老师说话的意思。对刚入园的幼儿来讲，“小朋友”这个词是不具体的，每个幼儿的名字才是具体的。

典型的幼儿思维过程是具体事物可以在眼前，也可以不在眼前，但头脑中必须有事物的表象。例如，听故事的时候，幼儿的头脑中必须有故事人物的形象，才能理解故事。再如，让幼儿算一下2加3等于几，幼儿感到困难，但如果问2个苹果再加上3个苹果是几个苹果，幼儿就会比较容易回答这个问题。我们从幼儿经常提出的问题中，也可以看到他们常常是依靠事物的具体形象来思考的，如幼儿喜欢问风是谁吹的？是谁把月亮挂到天上去的？

形象性

幼儿思维的形象性表现在幼儿依靠事物的形象来进行思维活动。幼儿的头脑中充满着有着各种各样颜色和形状等的事物的生动形象。比如爷爷总是长着白胡子，奶奶总是头发花白的，穿军装的才是解放军，兔子总是“小白兔”等。具体性和形象性是具体形象思维两个最为突出的特点。

经验性

幼儿的思维常根据自己的生活经验来进行，比如幼儿把热水倒入鱼缸中，问他为什么时，他说老师说了，喝开水不生病，小鱼也应该喝开水。再如，老师向幼儿布置“解迷津”任务：“假装这里有一座山，你必须走过这座山才能回家。现在老师和小朋友们都走过去了，就剩下你一个了，再不走过去，天就要黑了，野兽会来的。”幼儿回答说：“我不会去那种地方的。再说妈妈总是和我在一起。”幼儿是从他自己的具体生活经验去进行思维活动的，而不是按老师的逻辑推理进行思维活动。

拟人性

幼儿往往把动物或一些物体当人来对待。他们赋予小动物或玩具以自己的行动经验和思想感情，和它们说话，把它们当作好朋友。他们认为太阳公公能看见小朋友们在玩，他们还会提出许多拟人化的问题，如“风是车轮放出来的吗”？

表面性

幼儿思维只是根据具体接触到的表面现象来进行的，往往只是反映事物的表面联系，而不是事物的本质联系。比如，一个5岁的孩子注视着阿姨给小婴儿喂奶，看到奶水从阿姨的乳房里流出来，他认真地问：“阿姨，那里面也有咖啡吗？”由于幼儿的思维只是从事物的表面出发，不能反映事物的本质，因此幼儿思维常常具有片面性。如给幼儿出示两个一样大小的橡皮泥球，让幼儿确认它们是不是一样大的。然后，老师把其中的一个泥球变成长条，幼儿就认为这两块橡皮泥不一样多。

固定性

幼儿思维的具体性使幼儿的思维缺乏灵活性。在日常生活中，幼儿常常“认死理”，比如在美工活动中，小朋友都在等着教师发剪刀，可是中途剪刀发完了，教师又去拿。另一位老师给他们拿手工区的剪刀，他们说什么都不肯要。这时他们的老师回来说：“没有剪刀了，你们就用手工区的吧”，可是这几个小朋友仍然不愿意用手工区的剪刀。

具体形象思维是幼儿期思维发展最主要的特征，这种特征在幼儿各种思维活动中都有表现。但是在不同的年龄，表现程度是有所不同的。

任务二　幼儿言语发展的特点与口语表达能力培养

儿童言语能力的发展是一个有规律的、连续的过程，其中，0～6 岁是幼儿言语发展最迅速的阶段，在这个阶段，儿童的言语水平每年都有明显的提升，3～4 岁是幼儿口头言语发展的关键期。

一、幼儿口头言语的发展表现

3～6 岁是幼儿完整的口头语言发展和教育的重要时期，这一时期幼儿口头言语的发展与教育主要表现在语音、词汇、语句三个方面。

(一)3～6 岁幼儿语音的发展

3～6 岁是幼儿掌握语音的关键时期。在这一个时期，通过规范的教育，幼儿能掌握母语的全部语音，是语音能力发展可塑性最大的时期。

相关研究表明，4 岁以上的幼儿一般都能掌握语音；4～5 岁幼儿进步最快，发音错误最少，例如，4 岁幼儿声母发音的正确率中，城市幼儿达到 97%，农村幼儿达到 74%：韵母发音的正确率中，城市幼儿达到 100%，农村幼儿达到 85%。幼儿语音教育的重点在于为幼儿提供良好的语言教育环境。

(1)3～4 岁是幼儿语音发展的飞跃期，他们基本上掌握了本地区语言的语音。但是，由于幼儿听音与发音器官还没有发育完善，加之对唇、齿、舌等口腔部位的控制能力弱，在实际说话时常常出现发音不准、吐字不清的现象。如发辅音时，幼儿的唇和舌的运动不够有力，下腭不够灵活，说出来的往往是两个语音之间的音。另外，吐字不够有力也会造成发音不准，如发纯辅音“f”时，有的幼儿不能用牙齿咬住下唇，只有通过移动下腭来发准音。

小班幼儿在语音发展过程中，常常出现以下几种情况：第一，用舌尖前音“z”“c”“s”，或舌面音“j”“a”“x”代替难发的翘舌音“zh”“ch”“sh”“r”，如把“吃饭”说成“期饭”，把“教师”说成“老西”等。第二，以舌尖中音代替舌根音，如将“大哥哥”说成“大的的”。第三，当遇到平舌音与翘舌音相结合的词语时，常常会出现顾此失彼或同时发错音的情况，如把“狮子”说成“狮志”“西即”或“私子”等。第四，易受环境与方言的影响，出现声母“n”“l”不分，前、后鼻音不分，及平舌、翘舌不分等发音不准的现象。例如，湖南地区易将“老奶奶”说成“老来来”，把“玲玲”说成“宁宁”等：在西北地区，易出现以后鼻音代替前鼻音的情况，如将“看门”说成“看蒙”：在江浙地区，会出现用前鼻音代替后鼻音的情况，如将“朦胧”说成“门龙”等：在东北地区，会出现平舌、翘舌不分的情况，如将“昨天”说成“卓天”，把“春天”说成“村天”等。

如果不能及时地纠正与教育幼儿，这种地域影响将会一直延续至他们的成年时期。

(2)4～5 岁中班幼儿的发音和听音器官的发育与小班幼儿相比趋于完善，具备了控制发音与听音的生理条件。此时，幼儿对语音的学习和掌握速度较快，如配合普通话教学，并用科学的方法让幼儿进行反复的练习，幼儿就能掌握汉语的全部语音。但是，有个别幼儿在“n”“l”“r”“y”等一些相似的语音发音上有困难，如常将“男生”“女生”说成“兰生”“吕生”，将“草绿了”说成“草玉了”或“草绿呢”等，这时就需要教师恰当地引导幼儿反复练习，将正音工作渗透在幼儿教育活动和日常生活的各个环节中，同时家长应支持与配合，帮助幼儿将这些相似音区分开。

(3)5～6 岁大班幼儿的言语器官已发育成熟，具备了正确发出全部音节的生理条件，特别是语音意识的发展，使幼儿能够意识到自己和别人语音中的不同，随时调整和修补自己语音中的错误。这时期的幼儿在成人的教育下，能够做到吐字清楚、发音准确，分出阴平、阳平、上声、去声四声，能够自如地调节声音的强弱，能够用富有感染力和表现力的语言表达出来。例如，成人在赞美幼儿的美术作业时说：“呀，真漂亮！这是谁画的小房子？”画房子的那个幼儿就会说：“是我——画的！”在说到“我”时，他会特别提高和拉长声音来表达内心的喜悦和自豪。此时，如果大班的个别孩子通过正规的教育，仍存在发音不准或口齿不清的情况，应该到医疗机构进行专门的检查和矫正。

(二)3～6 岁幼儿词汇的发展

3～6 岁是幼儿词汇数量增加最快的时期，词汇量是幼儿智力发展的标志之一，因为词和概念是不可分的，概念要通过词汇来表示。因此，幼儿掌握词汇越快、词汇量越丰富，表明其智力水平越高。此时的幼儿掌握各类词汇的内容、范围不断扩大，对词义的理解也在不断地确切和深化，幼儿不仅能掌握词的一种意义，还能掌握词的转义。

(1)3～4 岁小班幼儿对词义的理解比较肤浅，他们首先掌握的是生活中最常用的一些词。其中，名词、动词占多数，还有一些表示事物性质或形态的词，如大、小、软、硬、长、短、方、圆等。但由于幼儿的分辨能力和词的使用频率等原因，常常会出现用词不准确的情况，例如，用“大”来代替“长”“高”，用“小”来代替“短”“矮”等。汉语中量词较多，而且有一些固定搭配，使得幼儿掌握量词的难度增大，经常出现错用的情况，如“一个小花”“一只玩具”等。随着自我意识的发展，小班幼儿除了掌握“这”“那”等表示方位的代词外，还学会了使用“你”“我”“他”等人称代词，“不”“再”“都”“又”等副词和“啊”“吧”等感叹词。对数词的掌握与幼儿关于数的概念的发展有关，虽然有的幼儿能够念数到 100，但是他们实际能理解和掌握的数的概念达不到这一水平。

(2)4～5 岁中班幼儿所掌握的词汇数量不断增加，但仍以名词、动词和形容词为主。他们还逐渐掌握了一定数量的反义词，如“多少”“大小”“长短”“上下”等。由于受思维水平发展的限制，幼儿对比较抽象的、表示时间概念的词的掌握较困难，经常会用错，如“我明天去过奶奶家了”。总体来看，幼儿对“昨天”“前天”等词的理解比较模糊，远不及对“今天”“明天”的理解和运用。同时，他们对数词和量词的掌握仍然比较困难。

(3)5～6 岁随着生活范围的扩大和知识经验的增加，大班幼儿所掌握的词汇已经相当丰富，掌握的词类也逐渐增多。同时，随着抽象思维的发展，幼儿的概括能力明显提高，能够逐步掌握一些概括性较强的词，如水果、玩具、动物、蔬菜等，而且还能注意到事物之间的联系，掌握了一些关联词，如“因为……所以……”等。

(三)3～6 岁幼儿语句能力的发展

幼儿对语法规则的掌握是在与成人的交往、日常表达中逐渐实现的。因此，成人在表达时的语法规则示范非常重要，有的地区存在状语后置的表达现象，如把“你先吃”说成“你吃先”；还有的地区有宾语前置的表达现象，如把“你做饭了吗”说成“你饭做了吗”等，要注意让儿童区别。因此，教师在进行语言教育的过程中，要遵循幼儿语句发展的特点，避免使用方言，采用正确规范、符合语法结构的句子，引导幼儿反复实践，形成良好的习惯，提高幼儿口语表达的水平。

3～6 岁幼儿的语句发展具有下面 4 个特点。

(1)从不完整句到完整句

幼儿最初说出的句子结构是不完整的，常常缺漏主语或宾语等句子成分，如将“妈妈，我要喝水”说成是“妈妈，喝水”，将“爸爸在家”说成“爸爸，家”等。资料显示，2 岁幼儿所说的简单句中，完整句约占 64%：到了 6 岁左右，完整句约占 99%。

(2)从简单句到复合句

简单句是指结构完整的单句。两岁以后，幼儿能说出的简单句逐渐增加。小班的幼儿偶尔也能说出复合句，但是数量极少。随着年龄的增长，到了大班以后，幼儿能使用的复合句的数量才逐渐增多。资料显示，幼儿所说的句子中，简单句的比例逐年下降。3 岁时所说的复合句占所有句子的 3.8%，而且常常缺乏关联词，到6 岁时上升为 19.1%，而且关联词的运用也较多。

(3)从陈述句到其他句型

在幼儿所说的简单句的发展过程中，句子形式主要是陈述句，到 3 岁时，陈述句仍占 33%左右，之后逐渐出现了疑问句、祈使句、否定句和感叹句等，但是这些句式主要是在具体的情境中使用较多。例如，幼儿看到电视里的人时，就会问：“为什么电视里的人变得那么小?”在经过玩具店的橱窗时，会说：“好大的奥特曼呀!”在被命令去做一些不愿意做的事情时，会说：“我不去。”

(4)从无修饰句到有修饰句

幼儿最初说出的句子是没有修饰语的，如“汽车走了”“宝宝喝水”等。虽然偶尔会出现一些修饰语，如“大娃娃”“小白兔”等，但实际上他们把修饰语和被修饰语作为一个词组来用。资料显示，在2岁幼儿使用的句子中有修饰语的仅占20%，3岁幼儿则占50%；3～3.5岁是幼儿使用复杂修饰语的数量增长速度最快的年龄；到了4岁，有修饰语的句子开始占优势。

二、幼儿前阅读能力的发展

幼儿前阅读能力是指幼儿在成人提供的学习书面语言环境中，通过图书、绘画等形式接触书面语言，了解图片、文字、符号所表达的意义，逐步学习阅读书面语言，尝试用图画、文字、符号表达自己认识的能力。《幼儿园教育指导纲要(试行)》明确提出，“培养幼儿对生活中常见的简单标记和文字符号的兴趣”“利用图书、绘画和其他多种方式，引发幼儿对书籍、阅读和书写的兴趣，培养前阅读和前书写技能”。对幼儿前阅读能力的培养是学前教育的重要工作内容。

(一)创设良好的阅读环境氛围

从早期语言教育的角度来看，语言既是幼儿学习的对象，又是幼儿学习其他内容的工具。汉字是由形似事物的图画演变而来的，幼儿对文字的认识是从读画、画字开始的，他们会用图画符号表述一件事情，表达某一事件的发生过程。因此教育中要有意识地创设符号文字信息环境，给幼儿提供感官刺激，培养幼儿对文字图片的敏感性。

如在走廊、拐角、楼梯、窗台等地方用图片标记做“提示语”；在游戏区、阅读区、建构区等处用符号文字做“指导语”；在墙壁、空中粘贴悬吊字配画做“鉴赏语”，让每一个墙壁都说话，让每一缕空气都浸染墨香。当然，这些环境的创设要引导幼儿积极参与，让其在与环境的互动中提高主动前阅读的兴趣。提供丰富有趣的绘本类图书，用多样的阅读形式激发幼儿的兴趣，培养幼儿阅读的好习惯。

(二)日常生活中的密切配合

幼儿对于语言的学习是在运用的过程中发展起来的。全语言理论倡导下的早期阅读，不局限于书面文字阅读书写，还包含非文字的听、说、读等方面的内容。同专门的语言教学活动相比，日常生活中的活动具有松散性，这给幼儿提供了更大的自由表现的空间。

如从早晨入园到下午离园时的自由阅读、课间自由结伴游戏，从个别生活活动的处理到小组同伴之间悄悄话的分享，从自然种植、饲养角里新发现的记录探讨到值日生轮流完成小任务，等等，这些都给幼儿前阅读能力的培养创造了更多的机会。

(三)五大领域相互渗透

《幼儿园教育指导纲要(试行)》明确提出:“发展幼儿语言的重要途径是通过互相渗透的各领域的教育”,要“在丰富多彩的活动中去扩展幼儿的经验,提供促进语言发展的条件”。全语言理论认为任何符号系统的学习原理都是相通的,因而建议将不同的符号系统运用到幼儿学习的过程中来。幼儿语言学习的每一点收获,都会对他们其他方面的发展起到良好的促进作用。基于这样的认识,在进行幼儿前阅读能力培养时,要注重突破学科界限,将幼儿前阅读能力培养渗透到科学探索、艺术表现、社会活动中,引导幼儿尝试创新,勇于表现。

(四)区域游戏中的融合

教育家杜威在《明日之学校》中提出“教育不是把外面的东西强迫儿童或青年去吸收,须要使人类‘与生俱来’的能力得以生长”“幼儿本能的生长总是在生活过程中展开的”。游戏是幼儿的天性,是幼儿的生活,是教育的一种手段。因此教育工作者认真为幼儿创设游戏区域,在区域活动中让幼儿有机会表演有趣的故事,有机会与自然物质对话,有机会创造自己能读懂的文字图书,有机会实现现实生活中做不了的事情。

区域游戏让孩子们有了真实运用语言交流的机会。在游戏区域中,教师可以有意识地投放便于幼儿阅读的材料,如在阅读区角用字配图介绍阅读的规则要求,在购物区运用数字加简笔图介绍货物的价格,在娃娃医院标注看病流程图,在娃娃家里放一些超市广告海报、图书画笔等等,这些看似无意的环境创设,却给了孩子一种有意识的视觉刺激,增强了幼儿对文字符号的敏感性。

区域活动是集体教学活动的延续,也是促进幼儿个体发展的有利时机。在区域活动中鼓励孩子们自由创编、动手表现、交往合作,完成集体活动中未完成的小任务。根据自己的能力兴趣选择合适的喜欢的活动内容,如在“图图故事俱乐部”里,幼儿可以读故事、编故事、画故事、表演故事,只有“尝试”,没有“对错”。在游戏中幼儿身心愉悦,师幼之间、同伴之间积极互动、共同交流,幼儿的言语能力在运用中发展起来。

三、幼儿言语能力的培养

幼儿的言语能力是在一定社会环境与教育的影响下,通过交流和运用语言的过程发展起来的。

(一)创设良好的交流表达氛围,创造更多的交流机会

活动是言语的源泉,良好的交流氛围能提高儿童表达的兴趣和意愿,因此,要组织丰富多彩的活动,使幼儿广泛地认识周围环境,扩大眼界,丰富经验,增长词汇。也要为他们提供更多的交往机会,尤其是和小朋友之间的互动交流,并重视幼

儿在交往中的用词准确和句子完整。孩子"见多识广",词汇自然就丰富,语句也更规范。

《3～6 岁儿童学习与发展指南》中提到的具体措施有：首先,每天有足够的时间与幼儿交谈,如谈论他感兴趣的话题,询问和听取他对自己事情的意见等;其次,尊重和接纳幼儿的说话方式,无论幼儿的表达水平如何,都应认真地倾听并给予积极回应;再次,鼓励和支持幼儿与同伴一起玩耍、交谈,相互讲述见闻、趣事或看过的图书、动画片等;最后,引导幼儿清楚地表达,当幼儿急于表达而说不清楚的时候,提醒他不要着急,慢慢说,同时要耐心倾听,给予必要的补充,帮助他理清思路并清晰地说出来。另外,方言和少数民族地区应积极为幼儿创设用普通话交流的语言环境。

(二)言语活动贯穿于幼儿的一日活动之中

幼儿园开设的专门的语言活动时间是有限的,教师还应在日常生活中培养幼儿的言语能力。教师可以组织幼儿收听广播、看电视、阅读图书、朗读文学作品等来丰富和积累文学语言：在一日生活中,通过随时的观察、交谈等来获得大量的感性认识,并复习、巩固和运用在专门的语言活动中学过的词汇和句式,更多地学习新的词汇,学会用清楚、正确、完整、连贯的语言描述周围事物,表达自己的情感和愿望。

(三)培养幼儿初步的阅读理解能力

教师与家长可以引导幼儿仔细观察画面,结合画面讨论故事内容,学习建立画面与故事内容的联系。并和幼儿一起讨论或回忆书中故事情节,引导他有条理地说出故事的大致内容。鼓励幼儿自主阅读,并与他人讨论自己在阅读中的发现、体会和想法,这也是很好的办法。在阅读中发展幼儿的想象和创造能力,如让幼儿依据画面线索讲述故事,大胆推测、想象故事情节的发展,改编故事部分情节或编故事结尾。引导幼儿感受文学作品的美,有意识地引导幼儿欣赏或模仿文学作品的语言节奏和韵律。给幼儿读书时,通过表情、动作和抑扬顿挫的声音传达书中的情绪、情感,让幼儿体会作品的感染力和表现力。

(四)成人良好的言语榜样

与成人的交流是儿童学习言语表达的重要方式,成人要注意语言文明,为幼儿做出示范,交谈时要认真倾听,使用礼貌用语;在公共场合不大声说话,不说脏话、粗话;幼儿表达意见时,成人可蹲下来,眼睛平视幼儿,耐心倾听。

(五)注重因材施教

由于每个幼儿的个性特征和智力水平都存在着差异,言语的积极性和驾驭语言的能力也不一样。因此,教师在教育活动和日常生活中,不可忽视对幼儿的个别教育。如对言语能力较强的幼儿,可向他们提出更高的要求,让他们完成一些有一定难度的言语交往任务；对言语能力较差的幼儿，教师要主动亲近和关心他们，有意识和他们交谈，鼓励他们大胆说话，表达自己的要求、愿望，叙述自己喜闻乐见的事，给予他们更多的语言实践机会，从而提高他们的言语水平。

任务三　幼儿情绪与情感发展的特征与情商培养

一、幼儿情绪与情感发展的一般趋势

幼儿情绪与情感发展的趋势主要体现在：随年龄增长和教育影响，幼儿情绪和情感发展逐渐社会化、丰富化和深刻化、自我调节化。

(一)幼儿情绪和情感逐渐社会化

学前儿童最初的情绪是与生理需要密切联系的，随着年龄的增长，情绪表现为更多地与社会性需要相联系，逐渐社会化。

1. 诱发儿童情绪反应的社会性因素逐渐增多

3 岁之前，环境温暖、吃饱喝足和身体舒适等是儿童心情愉悦的主要因素，但除了与满足生理需要有关的事物外，还有大量与社会性需要相关的因素能够诱发他们的情绪变化。例如，1～3 岁幼儿的非社会性微笑(自娱自乐时的微笑)的比例逐渐降低，社会性微笑(与他人交际时的微笑)比例不断增多。总的来说，在 3 岁之前儿童的情绪诱因以生理需要为主。

3～4 岁是幼儿的情绪动因从主要为满足生理需要向为满足社会性需要过渡的阶段，这个时期的幼儿非常希望被人注意。例如，刚进入幼儿园的幼儿很喜欢和教师牵手，还喜欢与教师有更进一步的身体接触，如搂抱等。随着幼儿社会性需求的进一步扩大，到学前末期时，他们的社会性情绪表现得更为明显。例如，家长和教师的忽视、同伴的不理睬都会引起他们情绪的变化。此时幼儿的社会交往和人际关系在引发情绪因素中的比重逐渐增大。

2. 情绪表达日渐社会化

表情是情绪的外部表现。幼儿在成长过程中逐渐理解和学会了周围人的表情表达方式，表情也日益社会化。幼儿表情社会化主要包括两个方面：一是理解(辨别)面部表情的能力，二是运用社会化表情表达自己情绪情感的能力。

(二)情绪情感逐渐丰富化和深刻化

1. 丰富化

幼儿的情绪情感是随着其年龄的增长和活动领域的不断扩大而日益丰富的。所谓情绪情感的日益丰富，包括两层含义：第一，情绪类型分化、体验增多；第二，情绪情感所指向的对象更加广泛。

幼儿前期儿童还仅有高兴、难过、害羞等少数几种情绪表现，幼儿期在教育和环境的影响下，儿童新的需要不断出现，新的情绪情感体验也在增多，情绪情感分化明显，如幼儿因成人的态度而产生的自豪或委屈、在游戏等活动中获得的愉悦与满足感、对同伴的同情心和友谊感，幼儿晚期还表现出对集体的荣誉感。此外，幼儿由于活动范围的扩大和内容的增多，产生情绪情感的对象也在不断增加，如引发幼儿情绪情感的人由家人（主要的）扩展到幼儿园同伴和老师，各类学习活动、游戏能引起幼儿更丰富的体验，周围环境中的动物、植物乃至自然现象都成了幼儿情绪情感发生的因素。

2. 深刻化

情绪情感的深刻化即指向事物性质的变化，从指向事物的表面到指向事物更内在的特点。幼儿情绪情感的发展还表现在随年龄增长不断稳定和深刻，如幼儿情绪波动性减少，更多指向内在需求；早期主要是由于父母的照料和陪伴、满足他们基本生活需要而对父母依恋，到幼儿晚期则产生了对父母的尊重和爱戴等情感体验。

（三）情绪的自我调节化

从情绪的变化过程来看，其发展趋势逐渐受到幼儿自我意识的支配。随着年龄的增长，幼儿对情绪过程的自我调节能力越来越强，这种发展趋势主要表现在以下三个方面。

1. 情绪的冲动性逐渐减弱

年龄较小的幼儿常常处于波动的情绪状态中，如婴儿往往由于某种外来刺激的出现而非常兴奋，情绪异常强烈。随着大脑的发育，基于言语的发展，幼儿情绪的冲动性逐渐减少，并开始学着对自己的情绪进行控制。幼儿最初对自己情绪的控制是被动的，即在成人要求下对自己情绪进行控制，到学前晚期时，幼儿对情绪的自我调节能力才逐渐增强。成人不断的教育和要求，以及幼儿所参加的集体活动和集体生活的规范，都有利于他们逐渐养成控制自己情绪的能力。

2. 情绪的稳定性逐渐提高

幼儿前期儿童的情绪是非常不稳定的，并且持续时间较短。随着年龄的增长，幼儿情绪的稳定性逐渐提高，但总的来说，他们的情绪仍然是不稳定、易变化的。

幼儿初期的情绪常常被外界情境所支配，某种情绪往往随着某种情境的出现而产生，又随着情境的变化而消失。如新入园的幼儿，看着妈妈离去时会哭得很伤心，但当妈妈的身影消失后，经教师引导，他们很快就会愉快地玩起来。如果妈妈再次从窗口出现，就又会引起他们的情绪波动。

到幼儿晚期时，幼儿的情绪已经趋于稳定，情境性和受感染性的特点逐渐减少。这时幼儿的情绪已经较少会受其他人的感染，但仍然容易受亲近的人，如家长和教师的感染。因此，家长和教师在幼儿面前必须注意控制自己的不良情绪。

3. 情绪从外显到内隐

婴儿期和幼儿初期的幼儿还不能意识到自己情绪的外部表现，他们的情绪会在脸上完全表露出来，丝毫不加以控制和掩饰。随着言语能力和心理活动有意性的发展，幼儿中期逐渐能够调节自己的情绪及其外部表现。

幼儿对情绪外部表现的调节能力比调节情绪本身的能力发展得早。幼儿开始产生某种情绪体验时，自己还没有意识到，直到情绪过程已在进行时才能意识到。这时幼儿才记起对情绪及其表现应有的要求，才会去控制自己。到幼儿晚期，幼儿能较多地调节自己情绪的外部表现，但其控制自己情绪表现还常受周围情境的影响。

幼儿情绪外显的特点有利于成人及时了解他们的情绪变化，从而给予他们正确的引导和帮助。同时，由于幼儿晚期的情绪已经开始出现内隐性，这就要求成人一定要细心观察和了解幼儿的情绪体验。

二、幼儿情绪发展的基本特点

人的情绪复杂多样，心理学普遍把喜悦、愤怒、悲伤、恐惧列为人类的四种基本情绪。幼儿基本情绪与成人无明显差异，情绪发展的主要表现为各种情绪体验逐渐丰富和深刻，但存在着这一个年龄阶段特有的特点。

（一）情绪的易冲动性

幼儿情绪发生得快，易处于激动状态，而且来势强烈，不能自制，往往全身心都会受到不可遏制的支配。幼儿初期表现的最明显，随着年龄的增长、言语的发展，幼儿中期逐渐学会接受成人的语言指导，调节控制自己的情绪，幼儿晚期学会主动调控情绪表现。

（二）情绪的不稳定性

婴幼儿期的情绪是非常不稳定的，容易变化，表现为两种对立的情绪在短时间内互相转换。如当幼儿由于得不到喜爱的玩具而哭泣时，成人递给他一块糖，他就会立刻笑起来。这种“破涕为笑”的现象，在小班尤为明显。

幼儿晚期，幼儿自控能力提高，在教育的影响下，孩子情绪的稳定性会逐渐增强，但幼儿情绪仍会受家长和教师的感染，所以家长和教师要注意适当地表达和控制自我的情绪。

（三）情绪的外露性

婴儿期的孩子的情绪完全表露在外，丝毫不加控制和掩饰。3 岁以后幼儿调节自己情绪表现的能力已有一定的发展。但在不同的情境下的表现会有差异。孩子在父母和他人面前，行为表现有所不同，在父母面前较少克制，而在他人面前时，则能有一定的控制力，即使有要求，也表达得较委婉。这表明幼儿已有一定的情绪调节能力。在正确的教育下，随着幼儿对是非观念的掌握，中班以后幼儿对情绪的调节能力会很快发展起来。如 6 岁左右的孩子，在打针时可以不哭，在自己的需要不能满足时，也能克制自己的消极情绪，很快开始愉快地游戏。

三、幼儿情感发展的特征

(一)幼儿基本情感的发展

幼儿的基本情感主要是以依恋为基础发展起来的爱的情感，具体表现为亲人间的情感——亲情、师幼情、同伴情。依恋是乳儿寻求并试图与另一个人保持亲密的身体和情感联系的一种倾向。一般认为，乳儿与主要照料者(母亲)的依恋大约在第 6～7 个月里形成。随儿童的成长和心理发展，对亲人的依恋会不断深化和稳定，到了幼儿期，逐渐发展成为爱的情感。健康的依恋感有助于儿童心理健康和个性发展。幼儿期儿童在与家人、教师、同伴的交往和相处过程中逐步产生了爱的情感，既表现为对爱的需要，也表现为对周围人表达自己的爱，但幼儿对爱的理解和体验都还不够深刻，表达爱的能力较弱，方式也简单，需要成人加以教育引导。

(二)幼儿高级社会情感的发展

1. 幼儿道德感的发展

道德感是在判断自己或别人的言行举止是否符合社会道德标准时引起的情绪体验。3 岁前幼儿只有某些道德感的萌芽，如孩子在 2 岁左右，开始评价自己乖不乖，进入幼儿园以后，特别是在集体生活环境中，孩子逐渐掌握了各种行为规范，道德感也逐步发展起来。

小班幼儿的道德感初步萌芽，幼儿依靠成人的评价对自己的个别行为进行评价，如小班道德感主要是指向个别行为的，如知道打人、咬人是不好的。

中班幼儿的道德感有了明显的发展。中班孩子不但关心自己的行为是否符合道德标准，而且开始关心别人的行为，并由此产生相应的情感。如“告状”行为就是幼儿对别人行为方面的评价，它是基于一定的道德标准而产生的。幼儿在对他人的不道德行为表示愤怒或谴责的同时，还对弱者表现出同情，并做出相应的安慰行为。

大班幼儿的道德感进一步发展和复杂化。他们对好与坏、好人与坏人，有鲜明的不同感情。如阅读绘本时，会帮助好人指责坏人。

幼儿的羞愧感或内疚感也开始发展起来。特别是羞愧感从幼儿中期开始明显发展起来，幼儿对自己出现的错误行为会感到羞愧，这对幼儿道德行为的发展具有非常重要的意义。

总的说来，幼儿期的道德感还不深刻，大都是模仿成人，执行成人的口头要求，还处于他律阶段，在集体活动中和成人的道德评价影响下，儿童的道德感逐渐发展起来。

2. 幼儿理智感的发展

幼儿期是幼儿理智感开始发展的时期，五岁左右发展起来，突出表现为勤学好问，并由于得到满意的回答而感到愉快。幼儿的理智感表现为：好奇好问、与动作相联系的“破坏”行为。6 岁幼儿喜爱进行各种智力游戏或所谓“动脑筋”活动，如下棋、猜谜语等，这些活动能满足他们的求知欲和好奇心，促进理智感的发展。

3. 幼儿美感的发展

美感是人依据一定审美标准而产生的对事物审美的体验。幼儿对色彩鲜艳的艺术作品或物品容易产生喜爱之情。在教育的影响下，中期幼儿能从音乐、绘画等作品和自己从事的美术活动、跳舞、朗诵、表演等活动中得到美的享受。幼儿晚期，幼儿审美能力不断提高，如幼儿在绘画时开始不满足于颜色鲜艳，还要求颜色搭配协调。

四、幼儿情商的培养

幼儿期是情绪情感自由表现时期，幼儿对自己的情绪情感不想掩饰，也不会掩饰，都自然地毫无保留地表现在他们的活动中。这也给教师提供了观察幼儿情绪、帮助幼儿调节情绪和克服不良情绪的良好条件。

（一）合理对待并尊重幼儿的情绪

一个活泼的孩子突然默不作声，很可能是遇到了不顺心的事；而一向和顺内向的孩子突然有粗暴言行，很可能是他遇到不公对待而发泄情绪的表现。很多成人特别是家长往往认为，有吃有穿有玩，孩子还有什么理由不开心，分明是“捣蛋”。其实不然，孩子在幼儿园或家庭中会遇到许多不称心的事，易使孩子紧张、焦虑，心理失去平衡。教师和家长要找出原因，帮助幼儿分析，解除孩子心中的忧虑，同时，允许孩子以适当的方式表达自己的情绪。当然教师和家长可以针对不同的情况灵活处理，适宜适度帮助。

（二）帮助幼儿化解消极情绪情感

孩子的行为往往反映了孩子内心已经形成的一些品质。发现孩子的情绪时要正确进行分析，对那些有益的部分，要及时表扬并加以保护；而对不良的苗头，则要帮助幼儿克服、纠正。幼儿中存在的较多不合理情感，如冷漠、自私、过分依赖、无规则、独占、侵犯性等，要加以积极疏导，使之淡化、消失；发现幼儿不高兴时，主动询问情况，帮助其化解消极情绪。

（三）教会幼儿恰当表达和调控情绪

成人用恰当的方式表达情绪，为幼儿做出榜样，如生气时不乱发脾气，不迁怒于人；成人和幼儿一起谈论自己高兴或生气的事，鼓励幼儿与人分享自己的情绪；允许幼儿表达自己的情绪，并给予适当的引导，如幼儿发脾气时不硬性压制，等其平静后告诉他什么行为可以接受，引导幼儿学习如何控制情绪表达。

(四)因材施教，注意个别差异

幼儿已经具有了一些个人特点，教育过程中要充分了解儿童，尊重个别性，因人施教、因事施策。如小红较内向，有人说她辫子不好看时，她坐在一旁闷闷不乐，对于这样的孩子，大人要与她交朋友，增进感情的交流；而小明不一样，一不顺心就大哭大闹，这样的孩子“来得快，去得也快”，可以“冷处理”，等孩子冷静下来再与之谈心，而不要“火上浇油”。

(五)引导幼儿积极的情绪情感体验

幼儿敏感而脆弱，更需要大人的保护和关心；幼儿多数时候无忧无虑，但情感世界同样丰富多彩，风云变幻。所以幼儿的情绪情感世界需要父母、教师的关注、爱护并引导其趋向成熟。学前教育中要运用不同的方式方法，让幼儿在游戏和多种多样的活动中获得良好的情感体验，促进幼儿的情绪情感的健康发展。

任务四　幼儿意志发展的特点及意志品质培养

一、幼儿意志发展的特点

随着幼儿年龄的增长和学前教育的影响，儿童的意志在中班开始发展，具体表现为意志活动的目的性、坚持性、自制性水平逐步提升。

(一)幼儿行动目的性逐渐增强

目的性是指一个人能自觉地确定意志行动的目标，深刻意识到行动的正确性和重要性，并自觉地调节和支配自己的行动。

在3岁之前儿童的行为目的主要是由成人提出的，4～5岁的幼儿逐步形成自觉行动目的，在幼儿6岁左右，他们可以逐步提出比较明确的行动目的。

小班幼儿的目的是具体的、直接的，他们还不会自己提出一个总的行动目的，通常目的是个人的，仅仅与自己的活动有关，较少有共同性目标。

中班幼儿的目的性显著发展。在正确的教育影响下，他们开始能使自己的行动服从于教师的指示和要求，能够在某些活动中独立地为自己确定行动目的和逐渐按照既定的目的去行动，通常他们的目的在活动中能保持15～25分钟，但这些行动目的有时还不甚明确，对行为制约性也不强。

大班的幼儿已能够比较明确地给自己提出行动的目的、任务，不仅能较好地使自己的行动服从于成人的指示，而且能较好地服从于自己提出的目的。在游戏中，儿童的个人目的与共同目的能统一起来。例如，在搭建积木的游戏中，他们既有一个共同的目的即搭一座城楼，又有个人的目的，如搬弄自己喜欢的那些积木块，此时他们的个人目的和共同目的是一致的。在大班幼儿活动中，周围环境影响相对减弱，行动具有明显的目的性，通常能坚持35～55分钟，而言语提示、目的任务对他们行为的制约力相对增强。

(二)幼儿坚持性逐渐发展

坚持性是指幼儿能够在较长时间内连续、自觉地按照自己的目的去行动。

1至2岁婴儿的坚持性开始萌芽，4至5岁是幼儿坚持性发展的转折期。在幼儿期，小班幼儿坚持时间最短，中班幼儿坚持时间明显长于小班，大班幼儿坚持性最好，持续时间最长。

小班幼儿由于行动的自觉性较差，对行动的目的任务缺乏认识，还不善于掌控自己的行动，也不能用一定的方法维持行动以达到预定的目的，因而坚持性较差，不能较长时间地从事某一项活动。幼儿初期的儿童做事常有头无尾、有始无终，比如画画，往往只画了一半就不画了，跑到"医院"去给"病人"看病；当"医生"时，还没给"病人"开完"药方"，就跑到"理发店"去当"理发员"了。在实现目的的过程中，如果遇到某些小困难，儿童也会轻易放弃努力，坚持性弱。在成人指导和集体活动的要求下，他们行动的目的性和坚持性都会得到锻炼。

幼儿中期，儿童的坚持性发生较大变化，逐渐能自觉地坚持行动，并能达到预定的目的。他们在行动中还能提出一些活动的细节，想出一些活动的方法，使自己能更加顺利地坚持行动，达到预定目的。幼儿开始能够努力坚持完成每一项任务，尤其是在他们感兴趣的、喜欢的活动中，能够坚持较长时间，在遇到困难时也能尝试克服困难而努力实现目的。

幼儿大班时的坚持性才比较稳定，他们不仅对自己感兴趣的活动能努力坚持完成，而且对自己不感兴趣的、甚至较困难的活动也能在较长时间内坚持，并按要求完成。这表明幼儿发展了责任感、义务感等高级情感，他们能够坚持完成比较困难的任务，实现比较远的目标。

(三)幼儿自制力逐步增强

自制力是指个体善于控制和支配自己的情绪，约束自己不合理的言行，有利于完成自己任务的能力。

幼儿自制力的发展有一个过程，随着年龄的增长，幼儿抗诱惑、延迟满足能力逐渐提高。但总的来说，幼儿的自制力比较弱，特别是学前初期的幼儿不善于控制、支配自己的行动，常常表现出很大的冲动性和明显的"不听话"现象，如在幼儿园上课时说话、随便走动；做游戏时会被周围小朋友的游戏内容吸引，从而改变行动，不再坚持原来的游戏、争抢别人的玩具等等诸如此类的情况。

3岁左右幼儿一般不善于控制自己的意愿和行为。

4至5岁的幼儿开始逐步控制自己的愿望和行为。

5至6岁的幼儿一般能够主动控制自己的愿望和行为，遵循规则和要求。因此，学前期幼儿意志已经初步发展，但意志行动的目的性、坚持性及自制力都处于较低水平。

二、幼儿意志品质的培养

学前儿童的意志品质是在学前教育的引导下，通过多种活动的实施而发展起来的。

(一)关注幼儿兴趣，提高其坚持性

幼儿坚持性与其自觉性有关。小班幼儿对活动的目的性没有明确认识，行动通常是即兴的、不随意发生的，因而很难有克服困难而坚持下去的能力。因此，在设计和组织指导活动时，要了解幼儿的兴趣，从幼儿的兴趣和生活经验出发能更好地引导幼儿完成其想做的事情，提高成就动机。

(二)培养幼儿独立自主的意识

在家庭教育和幼儿园教育活动中，家长与教师要有意识地利用各种场合与机会，让孩子做力所能及的事情，让幼儿自己寻找问题的答案，培养初步的独立思考、独立克服困难和解决问题的能力，促进儿童独立自主意识的发展。

(三)引导幼儿提出切实可行的目标

活动目标可执行，在幼儿力所能及的范围内，幼儿会很乐意去完成活动，这样也有助于培养幼儿的成就动机和自信心。符合幼儿的能力，并且具有一定的挑战才能更好地激发幼儿的兴趣。教师在各种教育活动中，要适当指导幼儿合理地提出行动目标，引导幼儿持续、深入地开展自己的活动。

拓展阅读

延迟满足

“延迟满足”实验是发展心理学研究中的一个经典实验。

20世纪60年代，美国斯坦福大学心理学教授沃尔特·米歇尔在一间幼儿园进行了著名的“延迟满足”实验。

实验者让实验幼儿单独待在一个只有一张桌子和一把椅子的小房间里，桌子上的托盘里有这些幼儿爱吃的东西——棉花糖、曲奇或是饼干棒。研究人员告诉他们可以马上吃掉棉花糖，或者等研究人员回来时再吃还可以再得到一颗棉花糖作为奖励。他们还可以按响桌子上的铃,研究人员听到铃声会马上返回。对这些孩子们来说,实验的过程颇为难熬。有的孩子为了不去看那诱惑人的棉花糖而捂住眼睛或是背转身体,还有一些孩子开始做一些小动作——踢桌子,拉自己的辫子,有的甚至用手去打棉花糖。结果,大多数的孩子坚持不到三分钟就放弃了。一些孩子甚至没有按铃就直接把糖吃掉了,另一些则盯着桌上的棉花糖,半分钟后按了铃。大约三分之一的孩子成功延迟了自己对棉花糖的欲望,他们等到研究人员回来兑现了奖励,花了差不多有15分钟的时间。

研究人员进行了跟踪观察,发现那些以坚韧的毅力获得奖励的孩子,到上中学时表现出较强的适应性、自信心和独立自主的精神;而那些经不住诱惑的孩子则往往屈服于压力而逃避挑战。在后来几十年的跟踪观察中,也证明那些耐心等待两块糖果的孩子,在事业上更容易获得成功。

在日常生活中需要我们通过克制欲望来获得更佳享受的事情有不少。比如,在做作业时,如何应对电视或者游戏所带来的诱惑,如果我们能够选择抵制住诱惑,先将作业或者学习任务完成,再选择满足自己的欲望,父母可能就不会那么"唠叨",也不会竭力去阻止,我们在体验时也会更加愉快。

米歇尔在后续的研究中得出结论:延迟满足的秘诀就在于转移注意力。这表明延迟能力是每个人都可以学习的能力。在生活中,提高我们的延迟能力就是要学会等待,通过耐心的等待,我们可将注意力从当前的诱惑中转移出来,不断培养自己的忍耐力、毅力。

任务五 幼儿个性和社会性的发展与培养

一、幼儿个性的发展

个性是儿童在后天教育、环境、自我主动性多种因素共同作用下发展形成的心理特征的总和。幼儿期儿童的个性刚刚开始萌发,还没有形成较稳定的个性特征,但在个性的多个方面形成了一定的个人特点。

(一)幼儿个性发展的表现

3岁左右,幼儿出现了最初的个体性差异,在个性倾向性、个性心理特征、个性调控方面都表现出一定的个体发展特点。

1. 幼儿个性倾向性发展表现

在学前教育的影响下,幼儿的需要、动机和兴趣逐步发展。幼儿的需要从主要为满足生理需求向为满足社会性需求过渡,这时期的幼儿更多地希望被成人注意、与同伴交往和娱乐；幼儿中期时活动动机开始出现，如活动中通过积极的表现引起老师的关注、同伴的肯定等；幼儿的兴趣从吃的、玩的转向更广泛领域，如中班以后，幼儿更多地对周围的未知事物产生兴趣，表现出很强的求知欲和探索愿望，对新的游戏活动充满兴趣等。

2. 幼儿个性心理特征的发展表现

随年龄增长和环境、教育的影响，幼儿的气质、性格、能力方面也出现了一定的发展特征。

在气质方面，经过出生后 3 年的发展，幼儿气质的特征有了较为稳定的表现，如在行为动作的速度和力度、言语表达速度、情绪活动特征等方面都会有所反映，出现了个体差异，但幼儿的气质还没有充分发展、表现出来。

在性格发展方面，幼儿期尚未形成稳定的个体特征，但已经开始萌芽，如有的幼儿主动积极，有的被动退缩；有的幼儿性格偏向开朗，有的偏向内向等。但这些特征随儿童的成长和发展会有变化，故不能说是儿童的性格特征。

在能力发展方面，幼儿期儿童主要表现为一般能力的发展和口头言语表达能力的发展两方面。一般能力也称认识能力或智力，是幼儿能力发展的重点领域；口头言语表达能力在这一个时期是最重要的，3～4 岁是儿童口头言语表达能力发展的关键期。此外，幼儿期儿童特殊能力也会有个别的早期表现，教师要适当引导，并向家长提供合理建议。

3. 幼儿个性调控的发展表现

幼儿期儿童由于意志水平较低，个性的自我调控能力也较弱，小班时差别不明显，中班以后逐渐表现出一定的个体差异性，有的幼儿表现出较好的心理和行为的自控力。如生气时不是哭或发脾气，而是与人据理力争；摔痛了也会忍着不哭等。

此外，幼儿期儿童个性发展中还出现了行为方面的明显特征，具体表现在以下几方面。

(1)天真烂漫，活泼好动

活泼好动是儿童的天性，也是幼儿最明显的特征之一，不论是何种类型的幼儿都有此共性。即使是那些非常内向、羞怯的幼儿，在家里或者与非常熟悉的小伙伴玩耍时，也会自然表现出活泼好动的特征。幼儿对于各种活动都有着浓厚的兴趣，似乎玩对他们来说永远不会厌倦；幼儿并不会因为不断的活动而感到疲劳，往往对过于单调和枯燥的活动感到厌倦。活动对形成幼儿良好、愉快的情绪具有积极的意义。

(2)乐于与人交往

进入幼儿期后，幼儿在行为方面最明显的特征之一是喜欢和同龄人或年龄相近的小伙伴交往。对于大多数孩子来说，可以不经他人特别介绍，孩子之间会很快、自然而然地熟悉起来，并一起做游戏。从幼儿游戏的发展可以看出，3 岁以后，幼儿游戏中的社会性成分逐渐加强，个体游戏减少，与同伴有联系的、合作性的游戏增多。对那些被拒绝和被忽略的幼儿的研究发现，他们很少和小伙伴交往，感到更加孤独。换言之，所有幼儿都希望与小伙伴共同游戏，并被别人接纳。

(3)强烈的好奇心和求知欲

幼儿有着强烈的好奇心和求知欲，主要表现在有探索行为和好奇好问两方面。幼儿对客观事物，特别是对新鲜事物非常感兴趣，什么都想看看、摸摸，有时还会出现“破坏”行为。

好问，是幼儿好奇心的一种突出表现。幼儿天真幼稚，对于提问毫无顾虑。他们经常要问许多个“是什么”和“为什么”，甚至连续追问，真可谓“打破砂锅问到底”。

(4)行为模仿性强

爱模仿是幼儿期的典型特点，小班幼儿表现尤为突出。幼儿模仿的对象可以是成人也可以是幼儿。对成人模仿的主要是教师或父母的行为，这是由于这些人是幼儿心目中的“偶像”，通过对行为的模仿可以习得成人认可的行为方式。幼儿之间的相互模仿更多，幼儿模仿的多是社会行为，如幼儿看到或听到别的幼儿在做一件事或背一首儿歌，他会有意无意地模仿。幼儿的模仿方式有即时模仿(马上照着做)，也有延迟模仿(过一段时间后的模仿)。

(5)行为易受暗示性

幼儿期的儿童由于受到认识水平限制，常常会因外界环境的影响而改变自己的想法，表现出易受暗示的特点。陈鹤琴在《儿童心理之研究》一书中谈到了幼儿对暗示性的感受，他认为，暗示可以分为两种，由外界刺激引起的暗示叫外暗示，由内部刺激引起的暗示叫内暗示，幼儿常常重复别人所说的最后一句话的最后一个字就是这种现象。

幼儿还经常表现出一种“消极暗示”的现象。例如，孩子跌倒后妈妈赶快跑去，一边抱起孩子一边哄着说“不哭，不哭”，本来孩子是没哭的，听到妈妈的话后就大哭起来。因此，家长和教师在幼儿面前应注意自己的言辞，尽量减少对他们的无意暗示，防止他们出现不必要的行为。

(6)行为的冲动性

幼儿由于神经系统发育的很不完善，抑制机能较差，兴奋和抑制过程不平衡，因而幼儿情绪不稳定，冲动性明显。幼儿对外界事物的反应是很肤浅的，感知不够精细、情绪的变化大、容易激动。到了五六岁，大脑皮质的抑制机能日益发展，兴奋和抑制过程逐渐趋于平衡，控制、调节作用也逐渐加强，使得幼儿有可能逐渐减少冲动性行为。

儿童性格是在后天教育、环境、自我主动性活动等多种因素的共同作用下发展的心理特征，家庭教育、幼儿园教育对孩子的性格发展有着至关重要的影响，加强教育和引导对幼儿性格的早期发展十分必要。

（二）幼儿个性的培养

《3～6岁儿童学习与发展指南》在教育建议中明确指出：让幼儿保持有规律的生活，养成良好的作息习惯；帮助幼儿养成良好的饮食习惯、个人卫生习惯；养成锻炼的习惯。因此引导幼儿养成健康的生活态度、良好的生活习惯是极其重要且影响深远的，良好习惯的养成会让幼儿在未来的学习和生活中成为独立自主的学习和发展的主体，将促进其自我的发展。所以，养成良好习惯是幼儿园对幼儿进行个性教育的重要任务。

1. 注重养成教育，规范幼儿日常行为

良好行为习惯的养成包括按时作息、讲卫生、文明礼貌、不挑食、同伴友爱、富于同情、乐于助人等。成年人要在日常生活和各种教育活动中以身作则、言传身教，引导幼儿多方面习惯的养成；重视幼儿对各种规则和常规的习得，激励幼儿的正确行为。

2. 培养幼儿的正确态度

父母和老师是幼儿成长过程中重要的人，面对各种问题的态度会潜移默化地影响幼儿。他们在日常生活和教育中一方面要注重自己的态度对儿童的示范作用，让幼儿学会正确对待人与事；另一方面要通过各种活动教育引导幼儿对人热情、有礼貌，对物爱惜，对事积极主动、认真坚持完成等。

二、幼儿社会性发展的特征

（一）幼儿社会性发展的表现

1. 认识和建立各种人际关系

幼儿生活范围不断扩大，认识了更多的人，交往的对象由家庭成员扩展到邻居、同伴、老师等；人际关系相应地也由亲情关系扩展到同伴关系、师幼关系。

（1）亲情关系

随幼儿年龄的增长和与家人交往的深入，亲子关系由较简单的依恋发展到较稳定的情感关系。

亲子关系通常分成民主型、专制型、放任型三种。不同的亲子关系类型对幼儿的影响是不同的，研究表明，民主型的亲子关系最益于幼儿良好个性的发展。

（2）同伴关系

同伴关系是指年龄相同或相近的幼儿之间的共同活动并相互协作的关系。幼儿在与同伴的交往过程中形成的同伴关系，表现为同伴群体关系（同伴接纳）和友谊关系。前者表明幼儿在同伴群体中彼此喜欢或接纳的程度，后者是指幼儿个体之间在交往和相处过程中形成的相互的、一对一的关系。幼儿的友谊关系往往是不稳定的，因此同伴关系主要是指前者。

幼儿同伴关系的建立主要是在共同游戏及各种活动过程的相互认识和交往中实现的。游戏中同伴关系的发展显著地表明了幼儿人际关系建立的基本特征。幼儿之间绝大多数的社会交往是在游戏情境中发生的，小班儿童处于平行游戏阶段，游戏情境中的交往是较为表面和不深入的，幼儿之间多表现为简单的言语交流和行为模仿，相互关系较为松散；幼儿中班时进入联合游戏阶段，儿童之间联系性游戏逐渐增多，彼此之间说笑、互借玩具，但这种联系是偶然的，没有组织的，交往也不密切，处在社会性交往发展的初级阶段；大班幼儿进入以合作性游戏为主的时期，同伴交往的主动性和协调性逐渐发展，游戏中幼儿分工合作，有共同的目的、计划，能服从一定的指挥，遵守共同的规则，互相协作、尊重，大家一起为玩好游戏而努力，如在角色游戏、规则游戏中表现得更明显，幼儿游戏中社会性交往水平最高的是合作性游戏。

此外，幼儿期的同伴交往主要是与同性别的幼儿交往，这种倾向随着年龄的增长越来越明显，女孩更明显地表现出交往的选择性，自己的偏好更加固定，女孩游戏中的交往水平高于男孩，表现在女孩的合作性游戏明显多于男孩，而男孩对同伴的消极反应明显多于女孩。

(3)师幼关系

师幼关系是儿童入园后发展形成的一种新型人际关系，这一种关系包含了较复杂的内涵，更具人际关系的社会性特征。对幼儿来说，教师是教育者、长者，是可敬可亲、可信赖、可依靠的人，亦师亦母；对教师来说，幼儿是教育的对象，也是需要关心照顾、真诚爱护的孩子。师幼在以教师为主导的各类活动中相处、交流、合作，这帮助了儿童学习如何与人交往、处理人际关系，促进了儿童社会性的发展。良好师幼关系的建立是幼儿社会性发展的重要特征，在儿童身心健康发展中起着重要的作用。

2. 认识性别并产生性别角色认同

(1)幼儿性别意识的发展

性别角色是被社会认可的男性和女性在社会上的一种地位，也是社会对男性和女性在行为方式和态度上期望的总称。性别角色包括性别概念、性别角色知识、性别行为等 3 方面。幼儿性别角色行为的发展，是在对性别角色认知的基础上，逐渐形成较为稳定的行为模式的过程，直接导致幼儿之间在心理和行为上的性别差异。

学者们认为幼儿性别概念主要包括 3 种成分：性别认同，性别稳定性、性别恒常性。3 岁时，大部分幼儿都能正确地识别自己和别人的性别，有了性别认同。在进行性别认同的线索方面，幼儿往往先依据发型，特别是头发的长度，其次是服饰的特点来确认被观察的性别。研究发现，男女幼儿性别认同的发展不存在性别差异，能够进行性别认同的幼儿的性别行为显著地多于不能进行性别认同的幼儿。性别稳定性是指对自己的性别不随其年龄、情境等的变化而改变这一个特征的认识。幼儿的性别稳定性一般在3～4岁的时候就出现了。例如，在被问及："当你是个婴儿的时候，你是个男孩还是女孩？""当你长大以后，你是爸爸还是妈妈？"4岁以上的幼儿能够做出正确的回答。性别恒常性是指对人的性别，不因其外表（如衣着打扮等）和活动的变化而改变的认识。一般要到六七岁才能获得性别恒常性的认识，而这一年龄通常也是幼儿开始认识物体的物理守恒特征的年龄。

（2）幼儿性别角色的认知阶段

① 知道自己的性别，并初步掌握性别角色知识（2～3岁）

幼儿的性别概念包括两个方面：一是对自己性别的认识；二是对他人性别的认识。幼儿对他人的性别认识是从2岁开始的，但这时还不能准确说出自己是女孩还是男孩，到3岁时，绝大多数孩子能准确说出自己的性别。同时，这个年龄的孩子已经有了一些性别角色的行为表现，如女孩要玩娃娃，男孩要玩汽车等。

② 自我中心认识性别角色（3～4岁）

这个阶段的幼儿已经能明确分辨出自己的性别，对性别角色的知识逐渐增多，如男孩和女孩在衣服和游戏、玩具方面的不同等。但这个时期的孩子能接受各种与性别习惯不符的行为偏差，如认为男孩穿裙子也很好。

③ 刻板认识性别角色（5～7岁）

这个阶段的幼儿不仅对男孩和女孩在行为方面的区别认识得越来越清楚，也开始认识到一些与性别有关的心理因素，如男孩要胆大、勇敢等。幼儿对性别角色的认识也表现出刻板性，他们认为违反性别角色习惯是错误的，如一个男孩玩娃娃会遭到同性别孩子的否定等。

此外，幼儿期开始有了个性方面比较明显的性别差异，并处于不断发展中。研究显示，4岁女孩在独立能力、自控能力、关心人与物3个方面优于同龄男孩：6岁男孩的好奇心和情绪稳定性优于女孩，而6岁女孩对人与物的关心仍优于男孩，在6岁幼儿的观察力方面，男孩优于女孩。幼儿对同性别玩伴的偏好也出现得很早。在托幼机构中，2岁的女孩表现出更喜欢与其他女孩玩，而不喜欢跟吵吵闹闹的男孩玩。到了3岁，男孩就明显地选择男孩而不选择女孩作为伙伴。

3. 幼儿社会性行为发展

研究证明，2岁左右，儿童的亲社会行为即已产生萌芽。观察发现，1岁之前的幼儿当看到别人处于困境，如摔倒、哭泣时，他们会加以关注，并出现皱眉、伤心的表情；到1岁左右，儿童还会做出积极的抚慰动作，如轻拍或抚摸等。2岁以后，随着生活范围和交往经验的增多，儿童的亲社会行为进一步发展，他们逐渐能够根据一些不太明显的细微变化来识别他人的情绪体验，推断他人的处境，并做出相应的抚慰或帮助行为。

亲社会行为是幼儿社会性行为发展的主要内容，在不断参与游戏和各种活动的过程中，幼儿期儿童的各种亲社会行为迅速发展，并出现明显的个别差异。

(1)合作行为发展迅速

幼儿亲社会行为发生频率最高的是合作行为和合作性游戏。有研究发现，在幼儿的亲社会行为中，合作行为的发生频率最高，这从幼儿同伴交往和合作性游戏中可以明显地看出。

(2)分享行为因物品的特点、数量、分享对象的不同而变化

分享行为是幼儿期亲社会行为发展的重要方面，目前国内有研究发现，幼儿分享行为的发展表现出 3 个方面的特点。一是幼儿“均分”观念占主导地位，4～5 岁时分享观念增强，表现为从不会均分到会均分；5～6 岁时分享水平提高，表现为慷慨行为的增多。二是幼儿的分享水平受分享物品数量的影响，当分享物品与分享人数相等时，几乎所有幼儿都做出均分反应；当分享物品不足一件或只有一件时，表现出慷慨的反应最高，随分享物数量的递增而渐次下降，满足自我的反应渐次增高，这说明幼儿利他观念不稳定。三是分享对象不同时，幼儿的分享反应也不同，当分享对象是家长，且物品少的时候，幼儿慷慨反应较对同伴的多；但当物品有多余时，慷慨反应下降。幼儿对于食物的均分反应高，而慷慨反应少；而对玩具，幼儿慷慨反应稍多。

(3)幼儿亲社会性行为具有个体差异性

观察 3～7 岁幼儿对同伴困境的反应发现，毫无反应的幼儿极少，只占了 7%，目睹事件的幼儿有一半呈现面部表情，有 17%的幼儿直接去安慰大哭者，其他同情行为包括 10%的幼儿去寻找成人帮助，5%的幼儿去威胁肇事者，但有 12%的幼儿回避，2%的幼儿表现了明显的非同情性反应，表明幼儿的亲社会行为存在个别差异，说明亲社会行为的发展需要适当的引导和教育。

在幼儿的社会性行为中也存在攻击性行为表现，一般较多的是为了争夺玩具或物品而争吵、打架，有时也会有言语的攻击，但教师和家长要仔细分别，儿童出现偶然性攻击行为时，应就事论事进行教育引导，不可给儿童任意贴标签；若个别幼儿出现经常性攻击行为，则可能属于有攻击倾向，需要成人在了解儿童的情况下制订具体的纠正措施或计划，以免儿童的行为影响同伴关系或其自身的健康发展。

(二)幼儿社会性行为的培养

1. 亲社会性行为培养的方法

(1)角色扮演法

角色扮演法是让幼儿通过活动中的特定角色扮演，暂时置身于他人的社会位

置，并按这一个位置所要求的方式和态度行事，以增进儿童对他人社会角色的理解，从而有效地让幼儿获得对自身角色的认知，促进其相应社会行为的习得。学前教育中可通过角色游戏扮演、表演性扮演活动开展。

(2)移情训练

利用移情来教育幼儿，使其具有内在的自我调节能力，比一味地限制、要求等外部约束要有效得多。

移情一方面可以使幼儿从他人的角度考虑问题，产生利他思想，另一方面可以引起幼儿的情感共鸣，让他们产生同情心和羞愧感。移情训练的具体方法有：听故事、引导理解、续编故事、扮演角色等。

(3)榜样示范法

模仿是幼儿获得社会性行为的重要途径，幼儿亲社会行为的获得与表现在一定程度上与模仿有密切的关系。因此，为幼儿提供亲社会行为的榜样是培养其亲社会行为的最基本方法。家长、教师应注意在自己的日常生活中为幼儿树立良好的行为榜样；也要通过故事书、电视节目等多种途径为幼儿提供分享、合作、助人等良好行为榜样，要充分利用童话、寓言、儿歌、卡通片等生动、形象、富有童趣的文学形象来提高幼儿的利他认识，发展他们的同情心、自豪感、内疚感等利他情感，从而培养幼儿的亲社会行为。

(4)注重精神激励

幼儿亲社会行为无论是自觉的还是不自觉的，都需要得到群体的认可。幼儿一旦出现了利他行为，成人和教师要及时强化，如表扬、奖励等，使幼儿获得积极反馈，达到逐渐巩固的目的；反之，习得的利他行为可能消退。在强化儿童的行为时，要重视精神激励的作用，不可一味进行物质奖励。

2. 控制和减少幼儿攻击性行为的策略

(1)创设良好环境，控制环境和传媒的影响

由于幼儿攻击性行为的发生很多与活动场地狭小、玩具过少等因素有关，因而提供足够的游戏空间和玩具非常重要。此外，由于幼儿的某些攻击性行为是从社会环境中学来的，家长应从社会环境中关注那些可能导致幼儿攻击性行为的因素，运用一定的方法控制或减少其对儿童的影响。

(2)建立良好的亲子关系，施行正确的教养方式

家长在教育孩子时应多与孩子进行思想上的沟通，多听孩子的声音，以便更多地了解孩子的内心世界。当孩子有过错时，家长首先应进行调查，了解事情原因，进行必要的批评和耐心地说服，切忌动则采用惩罚手段。

(3)提高幼儿自控能力，教给他们解决社会性冲突的方法

易发生攻击性行为的幼儿大多情绪易冲动、自控能力差，可以通过提高幼儿的

自控能力来减少攻击行为的发生。提高幼儿的自控能力可以采用轮流等待法、放松疗法、警告暂停法、正强化法等有效的方法。

(4)提高幼儿的社会认知水平和移情能力

只有丰富幼儿相关的社会性知识和经验,才能提高幼儿的社会认知水平。如果让攻击者更多地了解他的攻击行为给对方造成的不良后果,觉察和体验到别人的痛苦,就能有效地减少攻击行为。其中,角色扮演法、移情训练法等在发展幼儿的社会理解力、减少攻击性行为、改善同伴关系方面起着非常重要的作用。

(5)及时表扬和奖励幼儿亲社会行为

当幼儿采取与同伴之间的友好合作做法时,成人要给予积极的关注,及时地给予表扬和奖励。这样,幼儿的攻击性行为就会明显减少,对于提高攻击性幼儿解决社会性冲突问题的技能和策略水平能够起到正强化的作用。

拓展阅读

亲子关系的主要类型

1. 民主型

父母对孩子是慈祥的、诚恳的,善于与孩子交流,支持孩子的正当要求,尊重孩子的需要,积极支持子女的爱好、兴趣;同时对孩子有一定的控制,常对孩子提出明确而又合理的要求,将控制、引导性的训练与积极鼓励幼儿的自主性和独立性相结合。父母与子女关系融洽,孩子的独立性、主动性,自我控制力、信心、探索性等方面发展较好。

2. 专制型

父母给孩子的温暖、培养、慈祥、同情较少。对孩子过多地干预和禁止,对子女态度简单粗暴,甚至不通情理,不尊重孩子的需要,对孩子的合理要求不予满足,不支持子女的兴趣爱好,更不允许孩子对父母的决定和规则有不同的表示。这类父母培养的孩子或是变得顺从、缺乏生气,创造性受到压抑,无主动性,情绪不安,甚至带有神经质,不喜欢与同伴交往,忧虑,退缩,怀疑;或是变得以自我为中心和胆大妄为,在家长面前和背后言行不一。

3. 放任型

父母对孩子的态度一般是关怀过度、百依百顺、宠爱娇惯的;或是消极、不关心、不信任、缺乏交谈,忽视他们的要求的;或只看到他们的错误和缺点,对子女否定过多,或任其自然发展。这类父母培养的孩子,往往好吃懒做,生活不能自理,胆小怯懦,蛮横胡闹,自私自利,没有礼貌,清高孤傲,自命不凡,害怕困难,意志薄弱,缺乏独立性;但也可能具有发展自主、少依赖、创造性强等性格特点。

同伴关系的类型

幼儿的同伴交往类型主要有受欢迎型、被拒绝型、被忽视型和一般型。四种类型的基本特征如下。

1. 受欢迎型

受欢迎型的幼儿喜欢与人交往，在交往中积极主动，且常常表现出友好、积极的交往行为，因而会受到大多数同伴的接纳和喜爱，在同伴中享有较高的地位，具有较强的影响力。

2. 被拒绝型

被拒绝型幼儿和受欢迎型幼儿一样喜欢交往，在交往中活跃、主动，但他们常常采取不友好的交往方式，如强行加入其他小朋友的活动、抢夺玩具、大声叫喊等。这类幼儿的攻击性行为较多，因而常常被多数幼儿所排斥、拒绝，在同伴中地位较低，与同伴之间关系比较紧张。

3. 被忽视型

与前两类幼儿不同的是，这类幼儿不喜欢交往，他们常常独处或一人活动，在交往中表现得退缩或畏缩，他们既很少对同伴做出友好、合作的行为，也很少表现出不友好、侵犯性的行为，因此既没有多少同伴主动与其交往，也没有多少同伴主动排斥他们，他们在同伴心目中似乎是不存在的，被大多数同伴所忽视和冷落。

4. 一般型

这类幼儿在同伴交往中行为表现一般，既不是特别主动、友好，也不是特别不主动或不友好。同伴有的喜欢他们，有的不喜欢他们，他们既非为同伴所特别喜爱、接纳的人，也非特别被忽视、拒绝的人，因而在同伴心目中的地位一般。

上述四种同伴交往类型，在幼儿群体中的分布是各不相同的。其中，受欢迎型幼儿约占13%，被拒绝型约占14%，被忽略型幼儿占20%，一般型幼儿占53%。

本课题知识点：

1. 幼儿注意在整个学前期都是以无意注意为主，有意注意开始发展。

2. 幼儿感知觉发展包括：视觉、听觉、触觉、空间知觉与时间知觉发展。

3. 幼儿观察力的发展表现为小班目的性不明确，持续性时间较短。中大班幼儿的系统性与概括性有了一定的发展。

4. 幼儿记忆发展主要表现在：记忆保持时间逐渐延长，无意记忆占优势，有意记忆逐渐发展；以形象记忆为主，词语逻辑记忆正在发展；记忆的理解和组织程度逐渐提高。

5. 幼儿期的思维形式主要以具体形象性为主，小班主要是以直觉行动思维为主，中班以后以具体形象思维为主，大班幼儿抽象逻辑思维开始萌芽。

6. 幼儿的想象发展以无意想象为主，有意想象开始发展；以再造想象为主，创造想象开始发展；想象有时和现实混淆。

7. 幼儿言语的发展主要包括：3～6 岁是幼儿完整的口头语言发展和教育的关键时期，这一个时期幼儿口头语言的发展与教育主要表现在语音、词汇、语句三个方面。

8. 幼儿情绪情感发展主要体现在三个方面：社会化、丰富和深刻化、自我调节化。幼儿高级情感的发展包括：道德感、理智感与美感的发展。

9. 幼儿意志的发展主要表现在动机与兴趣、专注力与自制力的发展。

10. 幼儿个性发展表现为有一定的个别特点，但尚未形成稳定的个性特征；具有活泼好动、乐于交往、好奇好问、模仿性强、易受暗示、好冲动的年龄特点。

11. 幼儿社会性发展的主要表现是逐步建立了亲子关系、同伴关系、师幼关系；社会性行为的发展表现为幼儿性别意识的发展、亲社会性行为的发展。

课外学习

一、复习与练习

(一)复习

阅读教材，了解每一个任务的知识架构并掌握主要知识点。

(二)简答题

1. 幼儿注意发展有哪些表现？成人应如何引导？

2. 幼儿的视觉、听觉、方位知觉、时间知觉发展各有什么特征？如何对幼儿进行针对性的教育呢？

3. 幼儿记忆的发展有哪些特点？应该如何培养幼儿的记忆？

4. 简述幼儿思维的发展特点及培养策略。

5. 简述幼儿言语理解发展的特点及培养方法。

6. 简述幼儿想象夸张的原因。

7. 简述幼儿意志的发展特点。

8. 幼儿情绪发展的趋势是怎样的？

9. 简述如何建立合理的亲子关系。

二、案例分析

1. 明明今年 4 岁，上幼儿园中班，是一个智力正常的男孩。明明非常内向，上课能够认真听讲，注意力保持时间较长。但是，与同龄孩子相比，明明有意记忆能力较差，表现在识记速度较慢，记忆保持的时间较短，经常忘记老师布置的任务。

经过对其家长的访谈，发现明明的父母都是下岗工人，父母为了养家糊口经营一个小杂货铺。父母工作辛苦，无暇照顾明明，通常把孩子放在一边，只在做生意的空余时间给孩子喂点饭，很少与孩子进行言语交流。更为严重的是，父母经常因为生意上的挫折向孩子撒气、指责孩子。因此，孩子几乎很少开口说话，对外界刺激反应迟缓，对大人的指令从表面看来是认真听讲，但实际上却是充耳不闻。相反，明明在和同伴的交往过程中话很多，语言表达能力较好，而且愿意帮助别人，能够记住班里多数小朋友的名字。

如果你是明明的老师，为了培养明明有意记忆的能力，你打算怎么做？

2. 可可是 2 岁的男孩，最近让爷爷奶奶很苦恼，每次回家，家里总是一片狼藉，玩具总是被可可倒在客厅的地板上，爷爷很不理解他为什么非要把玩具都拿出来，不能每次玩一样玩具吗？而且每次玩玩具时都叮叮当当的，爷爷担心可可是不是脾气有点大，还喜欢摔玩具。

请问，你怎么看待幼儿这种“胡闹”的行为？

3. 乐乐是一个 3 岁的幼儿，很喜欢在家扮演恐龙跟爸爸一起玩。乐乐也特别喜欢在游乐场的滑滑梯玩，最近在玩滑滑梯的时候，乐乐喜欢变成自己最喜欢的大恐龙，然后“啊呜，啊呜”地大叫，看到别的宝宝被吓哭了他还特别开心。而这样的行为直接导致了年龄较小的弟弟妹妹不愿意跟他玩，与年龄较大的哥哥姐姐则会产生肢体冲突。在最近的一次游玩过程中，乐乐就又一次扮演了自己最喜欢的恐龙，结果脸上被别的小朋友抓伤，爸爸妈妈很担心。妈妈问他为什么要假装恐龙，乐乐说：“我最喜欢恐龙了，我喜欢变成恐龙和大家玩。”

请问，你觉得该如何处理这件事呢？

三、课外阅读建议

(一)图书馆借阅

每人在图书馆借阅 1～2 本儿童心理学书或相关刊物，认真学习与本课题相关的内容，并做读书笔记。

(二)拓展阅读导航

1. 李红主编：《幼儿心理学》，人民教育出版社，2007 年版

本书论述了幼儿心理发展的基本特点，幼儿心理学的基本理论、研究方法，以及根据幼儿心理发展规律进行相应的活动和教学训练。

2. 彭聃龄主编：《普通心理学》，北京师范大学出版社，2019 年版

《普通心理学》既是心理学基础课基本的教材，也是教育部推荐的高等学校面向 21 世纪课程教材，北京市高等教育精品教材。本教材从 1988 年首次出版至今已经 30 年，历经多次修订，成为心理学专业经典的教材之一。内容涵盖心理学基本原理和个体心理发生发展的基本规律，是教育从业人员的必备书籍。

(三)互联网学习

1. 利用搜索工具从互联网获得与课程相关的或自己感兴趣的心理学知识进行学习和讨论,增加对心理学的了解,拓阔知识面。

2. 学习职教云课程资源。

四、实践活动

尝试运用幼儿心理学的相关知识对一名 3～6 岁的幼儿进行观察,进行心理学分析并撰写观察记录,然后提出针对性的建议。

第三单元　幼儿心理发展特征的观察与分析

单元简介：

本单元为实训部分，主要通过不同形式的实践与实训，引导学生感知学前儿童的行为与心理特点，尝试运用所学儿童心理学知识分析儿童的心理和行为特点，巩固知识，促进认识和分析问题能力的发展，对接专业技能大赛。单元实训内容包括幼儿园一日生活观察、幼儿园保教活动分析、案例分析。

学习目标：

1. 感知儿童的行为与心理特点，形成感性经验；
2. 巩固知识，形成认识和分析儿童的心理和行为特点的能力；
3. 提高专业认知度，形成热爱学前教育专业、热爱幼儿的情感。

一、幼儿园见习与观察

幼儿园见习的主要目的是让学生观察和感知幼儿园一日生活，了解幼儿园的工作环节与内容，形成感性经验。

一日生活是幼儿在园内的全部经历，它从幼儿入园开始到离园结束。幼儿在园内的一天要进行各种各样的活动，包括入园接待、盥洗、集体教学、如厕、午睡、进餐、游戏、离园等。依据幼儿园的活动设置情况，可以将幼儿园内的主要活动概括为教学活动、生活活动、游戏活动，这三种活动充实着幼儿每天的经历。学生通过观摩这三种活动，尝试对幼儿的行为和心理进行感知和分析。幼儿园见习观察与分析要点见表 3－1 所列。

表 3－1　幼儿园见习观察与分析要点

生活活动	入园活动	1. 乐意上幼儿园，主动向老师、小朋友问早； 2. 情绪愉快地接受晨检，不携带危险物品。将自己的外衣、帽子等叠放整齐，放在固定的地方； 3. 愿意接受晨检并懂得将身体不舒服的感觉告诉老师； 4. 积极参加区角活动，遵守活动规则，活动后将玩具放回原处摆放整齐

（续表）

<table>
<tr><td rowspan="7">生活活动</td><td>用餐</td><td>1. 安静就座，愉快进餐；
2. 学习使用餐具；
3. 学习文明的进餐行为，如细嚼慢咽、不挑食、不偏食、不边吃边玩，能保持桌面、衣服整洁；
4. 养成餐后擦嘴、漱口的习惯</td></tr>
<tr><td>早操</td><td>1. 有秩序地快速排队，站、立、行姿势正确，做操时精神饱满，兴趣高，听音乐愉快做操，遇到身体不适等情况，能主动告诉老师并提出请求，树立自我保护的安全意识；
2. 听老师的话注意安全，讲秩序、讲文明、爱护同伴</td></tr>
<tr><td>如厕</td><td>1. 守秩序、讲规则，懂得及时排便对身体健康有好处；
2. 有便意时及时告诉老师并正确如厕；
3. 知道在厕所逗留玩耍有危险，养成良好的如厕习惯</td></tr>
<tr><td>喝水</td><td>1. 喝水时有秩序，不喧哗，不玩耍，能较快地找准自己的口杯；
2. 接水时注意安全，防止被烫伤；
3. 不与同伴追逐打闹。大、中班幼儿会主动喝水，小班幼儿想喝水时能主动表示</td></tr>
<tr><td>午睡</td><td>1. 按需要先如厕，后就寝；
2. 独立、迅速、有序地脱衣服（中大班幼儿）并摆放在固定位置；
3. 不带小玩具上床，不东张西望，不干扰同伴，闭上眼睛安静入睡</td></tr>
<tr><td>离园</td><td>1. 安静等待家人来接，不大声讲话，不拥挤，不打闹；
2. 有礼貌地向家人问好，和老师、同伴说再见</td></tr>
<tr><td colspan="2">游戏活动</td><td>1. 情绪愉快，积极参加，小班幼儿能服从老师安排参加游戏，中、大班幼儿能自选游戏，自选角色，根据游戏规则主动展开活动；
2. 与同伴友好交往，遇事共同协商，学习解决游戏中出现的问题；
3. 能正确使用玩具，自制游戏材料，爱护并整理活动材料</td></tr>
<tr><td colspan="2">教学活动</td><td>1. 能较快地转为安静状态，做好参与活动的准备工作；
2. 注意力集中，积极思考，踊跃发言或提问，不干扰别人，不和小朋友发生争执，不影响活动秩序；
3. 积极参加教育活动，心情愉快，与老师、同伴分享活动经验；
4. 幼儿获得运用已有的简单知识与技能的能力；
5. 活动后能对自己完成的作品进行自我评价；
6. 活动结束后主动整理活动材料，物归原位</td></tr>
</table>

二、幼儿园保教活动分析

(一)幼儿园教学视频分析

教学分析的目标是要了解教学过程中教师和幼儿的行为、教学活动的成效、教学对幼儿发展的意义等。能通过观看幼儿园教学活动视频进行分析讨论,可以让学生对幼儿园教学形成直观的认识,分析教学活动中幼儿的行为和心理发展水平,重点学习从儿童的行为角度分析儿童的心理,形成一定的认识与分析能力,促进专业成长。

评价教学中幼儿的表现,可从以下几方面进行。

(1)专注力:幼儿在活动中注意力是否集中,是否积极、主动思考,是否具有创造性。学习气氛是否热烈,思维是否活跃,情绪是否愉快,是否提出自己的想法。

(2)互动性:活动中幼儿是否获得了与同伴交往合作的机会,做到互动学习。合作学习的情境应该是一种轻松、随意、无拘无束的氛围。幼儿之间是否友好相处,师幼关系是否融洽。

(3)认知能力:幼儿是否能顺利进行感知、想象、思维、表达等活动;是否有效地运用已有的经验去解决问题,并获得新的经验。换言之,幼儿是否达到最近发展区。

(4)幼儿的学习习惯:教学实施中,幼儿是否守纪律和秩序,是否表现出坚持与自觉的学习品质;是否具有轮流、合作及分享等基本行为特征。

此外还可以从幼儿的活动态度、活动表现、活动成效等方面进行观察和分析(表3-2)。

表3-2 幼儿活动观察与分析

活动态度	轻松、愉快、积极、有序,乐于参与活动
活动表现	1. 对学习内容感兴趣; 2. 对活动环境、活动材料、活动方式有兴趣,会利用环境资源学习; 3. 能主动、积极、专注地参与探索、操作、讨论、表述等活动流程; 4. 愿意与同伴分享经验、意见和感受,有需要时会与同伴合作
活动成效	1. 活动中有自信的表现和成功感; 2. 获得与活动内容相关的新经验和新体验,在经验、能力和智慧等方面有所发展; 3. 有属于个体的新收获

(二)幼儿园游戏视频分析

游戏活动观察与分析的目的是要让学生了解幼儿在游戏过程中的行为、态度、和心理发展水平，在分析和评价活动中提高对幼儿的认识能力，将儿童心理学的理论知识与实践中孩子的表现结合起来，深化对知识的理解，促进专业理论水平和专业技能的提高。

幼儿游戏观察与评价要点有下列几个方面。

1. 幼儿参与游戏的态度

幼儿是否积极、主动参与游戏。这是指幼儿在游戏活动中是否有主动学习的态度和倾向，幼儿在游戏过程中能否自己解决问题。具体表现在幼儿是否自主选择游戏材料和游戏伙伴、是否按照自己的意愿进行活动、是否积极主动地与活动材料和同伴进行互动、注意力是否集中、思维是否活跃，同时，幼儿能否根据游戏的主题发展游戏的情节，而不是简单、机械地重复动作，在游戏中是否感到轻松、愉快，体验到一定的成就感等。

2. 幼儿的情感体验

主要指幼儿是否获得积极的情感体验，幼儿在活动过程中能否体验到快乐。快乐体验是幼儿游戏活动的主要特征，幼儿园游戏能否让幼儿体验到快乐，是判断游戏活动成效的一个重要标准。

幼儿在游戏中情感的表现为：一是满足感，游戏中的幼儿是开心的、获得满足感的，这可以从幼儿的表情和语言中观察出来；二是自我修复能力，游戏活动失败没有负担，可以重来；三是自我情感表达，如感谢、同情等情感的表达，对美好事物的欣喜，表现出的勇敢、自信等。

游戏是一种双向活动，幼儿的内在需要促使幼儿进行游戏，游戏又促进了幼儿的发展，满足了幼儿的需求。

3. 幼儿游戏的创造性

幼儿在游戏中是否能发挥创造性，在活动中是否进行了大胆想象，是否勇敢表现和表达，是否乐于探索发现。

4. 幼儿的规则意识

儿童在活动中能否遵守游戏的规则和常规。在游戏的过程中，儿童能否自觉地遵守游戏的规则和常规，能否按照游戏的规则控制操作材料；遇到破坏游戏规则的行为是否进行制止，并维护游戏的规则；在游戏过程中遇到困难，能否和同伴一起协商克服；能否依据游戏情节的发展制定新的游戏规则；游戏中是否爱惜玩具；游戏结束后能否分类整理、收拾玩具等。

5. 幼儿社会性的表现

游戏是幼儿社会性发展的重要过程，游戏中儿童与同伴的社会交往和互动是一种重要的学习方式和途径。因此，在观察幼儿游戏时，要重点了解幼儿是否有适宜的与同伴、与成人交往的机会；是否主动地与同伴进行交往，彼此协商、讨论，相互帮助，共同解决困难；是否具有轮流、分享及合作等基本的行为技能。

以上几个方面可以作为分析和评价游戏中幼儿的行为、心理的参考和借鉴，但并不能囊括所有方面。在具体的游戏中，观察和分析儿童的行为与心理，还要结合不同年龄幼儿的发展水平和个性差异，进行针对性的观察和评价。比如小班儿童正处于平行游戏阶段，儿童基本上都是各玩各的，每个儿童都玩相同的玩具。因此，对小班儿童分析与评价的侧重点应该是儿童使用工具和材料的水平、有没有出现争抢玩具的现象等。中班幼儿处于角色游戏的发展高峰期，那么儿童的角色扮演能力、以物代物的能力及同伴之间的合作协商能力等方面，就成为区域活动中评价儿童行为和心理的重点。大班幼儿的认知水平和社会性都得到了进一步发展，能在教师引导下自己解答问题、自己动手探索问题等。因此，分析与评价大班儿童的重点是其能否自己主动探索问题和解决与同伴之间的冲突、能否根据活动的需要协同制订规则并要求大家遵守规则等。

(三)幼儿园生活活动视频分析

广义的幼儿园生活活动是指幼儿从入园到离园所经历的所有活动的总和，是幼儿从早到晚在园内的所有经历。主要包括四个方面的活动：生活活动、游戏活动、集体教学活动和户外活动。而狭义的幼儿园生活活动则是指来园、盥洗、进餐、饮水、如厕、睡眠、离园等常规性的活动。本课题所要分析的是狭义幼儿园生活活动，即指幼儿园一日生活中：入园、如厕、盥洗、饮水、进餐、睡眠、离园等满足幼儿生活需要的常规性活动。

生活活动是幼儿园一日活动的重要组成部分，贯穿于一日活动的始终，正确、合理、科学的生活活动，对培养幼儿的自理能力和促进其身心发展起着十分重要的作用。生活活动观察和分析的目的是培养学前专业学生的敏锐观察力和认识能力，能从不起眼的小事、细节或惯常的行为上判断儿童的心理及心理变化，提高职业敏感度，及时捕捉有价值的信息，为以后的实践工作打下扎实的专业基础。幼儿生活活动评价表见表 3-3 所列。

生活活动观察与分析的要点如下。

1. 幼儿的安全意识

幼儿是否具备安全常识：主要包括是否了解常见的危险物品、是否知道不跟陌生人离开；幼儿是否掌握简单的求救方法，如遇到受伤、迷路等紧急情况时，是否知道简单的求救方法等。

2. 幼儿的情绪

(1)情绪状态：幼儿能否保持情绪愉悦、稳定(大部分时候)，幼儿消极情绪(焦虑、低落等)持续的时间、原因及性质。

(2)情绪调节：幼儿能否合理表达或宣泄不良情绪。

3. 幼儿的能力

(1)生活自理能力:幼儿是否掌握生活自理的方法,如掌握穿脱衣服和鞋袜、洗手和洗脸等的正确方法。

(2)适应集体:幼儿能否遵守集体规则,如洗手、如厕时能否排队等候;幼儿是否具备人际交往技能,如是否懂得基本礼仪,知道分享、协商、合作等;幼儿能否体验共同生活的乐趣,如能否体验或表达师幼情、同伴友爱等。

4. 幼儿的态度和习惯

(1)参与意愿:幼儿是否有参与或学习的意愿,如是否愿意学习生活自理的方法、参与活动等。

(2)生活习惯:幼儿是否养成了良好的习惯,包括作息、饮食、个人卫生、坐姿等习惯。

在各种不同形式的保教活动分析中,除了掌握上述各方面的基本点外,同学们还要学习和熟悉《幼儿园教育指导纲要(试行)》《3～6岁儿童学习与发展指南》的规定和要求,并尝试运用文件精神说明儿童的心理发展水平和教师的保教行为。

表3-3　幼儿生活活动评价

	小班	中班	大班
盥洗	能在成人的提醒下做到便前、便后洗手。手脏时洗手不吃手	能做到便前、便后、手脏时洗手	能保持仪表整洁,能勤洗手,勤洗澡
	会正确地洗手,能保持手的干净	会正确地洗手和使用手帕、餐巾,能保持手的干净	能动手整理自己的生活场所,并保持整洁
	能不玩水和肥皂,洗完手迅速离开卫生间	能不浪费水和肥皂,洗手后将水甩到水池内	能节约用水并保持地面清洁
如厕	能在身体需要时告诉成人,并在成人帮助下自理大小便,会自己擦屁股	能在需要时主动大小便,不将大小便弄在池外。会自己擦屁股	会自理大小便,大便后会正确洗手并整理好衣服,女孩会主动拿纸正确擦屁股
	便后能主动冲洗厕所并主动洗手	便后能主动冲厕所并主动洗手,不在厕所打斗,便后迅速离开	便后能主动冲洗厕所并将衣服整理好
	能自己脱、提裤子,女孩儿能在成人提醒下擦屁股	女孩会在成人提醒下正确擦屁股	如厕有性别意识,便后能主动洗手

（续表）

	小班	中班	大班
午餐	能自己独立进餐，会正确使用勺子，能在成人提醒下做到餐前洗手	能正确使用餐具，餐前主动洗手	能愉快独立取餐盘进餐，餐前能主动洗手
	进餐时不讲话，不哭闹，能在成人帮助下将餐具放在指定位置。饭后能在成人提醒下漱口	能安静进餐，饭后把餐具放在指定位置，能主动漱口、擦嘴	能安静愉快进餐，能主动整理餐具、餐桌，能主动漱口
	吃饭时不东张西望，不撒食物到身上，不掉饭粒	吃饭时不随便讲话，细嚼慢咽，不掉饭粒	吃饭时保持桌面干净、地面干净、身上干净、碗内干净
	能在成人引导下搭配饭餐，不挑食、偏食。喜欢吃瓜果、蔬菜等新鲜食品	不挑食、偏食，不暴饮暴食，喜欢吃瓜果、蔬菜等新鲜食品	能做到饭菜搭配，具备控制饮食的意识
喝水	愿意饮用白开水，能够在成人提醒下喝水	能够主动喝水，做到随渴随喝	有良好的喝水习惯，能够主动喝水，做到随渴随喝
	知道使用自己的水杯喝水，喝完后把杯子放回原处	能喝够定量的水，每次喝水量不少于半杯	能喝够定量的水，每次喝水量不少于半杯
	能自己取杯接水喝，并在成人引导下喝足够量的水	能按顺序取放水杯，不挤、不抢、不洒水	有文明的接水习惯，不争抢、不推挤、不洒水
午睡	愿意午睡，午睡时不讲话，不玩东西	午睡时不讲话，不起身玩耍	保持卧室内安静
	睡觉时不吃手，不用被子蒙头	能遵守睡眠纪律，轻声走路和下上床。不大声说笑，不影响他人睡眠	有良好的睡眠习惯，会整理自己的床铺
	能在成人帮助下穿脱衣服并放在指定位置	按顺序穿脱衣服，衣服脱下后放在指定位置	脱下鞋袜，整齐放在固定位置。能有序地穿脱衣服并叠放整齐
	能在成人引导下正确睡觉，不趴着、不仰着，侧身睡觉	知道侧卧睡觉，不趴着睡觉	保持良好的睡眠习惯，有正确的睡姿

（续表）

	小班	中班	大班
离园	在老师的帮助下整理好仪表，并带好自己的物品	把玩具、桌椅收放整齐，会整理好自己的仪表服饰	收拾好玩具、桌椅，整理并自带书包、衣物，保持仪表整洁
	礼貌地和老师、同伴道别	主动向老师、同伴道别	能主动、有礼貌地问候家长，向老师、同伴道别，跟随家长安全、愉快地离园
行为规则	在教室内不跑跳，在室内及走廊中脚步轻轻，会一个跟着一个走	能安静上、下楼梯，排队整齐不推挤，在室内不打闹，不大声喧哗	能安静有秩序地上、下楼梯，排队快、整齐，在室内安静有序地进行活动

三、案例分析

通俗地讲，案例分析就是把幼儿发展过程中发生的这样或那样的事件用文本的形式表现出来，并对此进行分析、研究、探讨的一系列思维加工过程。案例分析的目的主要是学习正面的经验、方法，或吸取反面的教训与警示；或通过某些个案研究，认识、探究某些趋势与苗头，揭示其背后隐含的一般性规律并探寻应对策略等。学前教育专业学生学习中的案例分析能为学生提供多方面实用的间接经验教训，发展学生的实战能力。在实践环节非常有限的情况下，案例分析成为培养学生解决实际问题能力的不二选择，是对实践的有效补充，将二者有机整合，能形成高校应用型人才能力培养的“双机制”。

案例一：

每天睡觉前，倩倩必须把一条粉红色的小毯子放在枕头旁，她总是把脸贴在小毯子上才愿意入睡。如果哪天小毯子被妈妈洗了还没有干，倩倩就哭闹着不愿意睡觉，就这样持续了好长一段时间。现在她连上幼儿园也要带着她的小毯子。为此，倩倩的妈妈有些迷惑不解，为什么女儿睡觉时就要盯着平常的一条小毯子呢？

案例二：

五岁的琪琪一次在早操时故意绊倒一个小朋友，被发现了还满脸无所谓，甚至有点幸灾乐祸。事后，家长和教师仔细询问才知道，琪琪很不服老师表扬那个小朋友做操好，故意让他当众出丑。

三岁的红红很懂事，也很机灵，可是每次都不管她多高兴，只要看到妈妈抱别的小朋友就一个劲地哭闹，红红妈妈为此感到非常苦恼。

案例三：

某幼儿特别喜欢听古典音乐，他也很崇拜音乐家。有一天他跟妈妈说，今天肖邦叔叔到我们幼儿园来了，还给我们弹钢琴呢。妈妈听了吓了一跳，以为孩子在说谎。请根据幼儿想象的有关原理对此例加以分析。

案例四：

红红三岁了，喜欢的小鸭子玩具睡了，她就伤心地哭起来。妈妈给她一块巧克力，她就又笑了，看见小朋友哭了，她也跟着哭起来。试分析红红产生这种现象的原因。

案例五：

东东因打了人没有拿到小红花，而其他小朋友都拿到了。当天妈妈来接时，他不肯回家，非要拿到小红花才肯离园。经过说服，他明白了道理。从第二天起，他自觉控制自己的行为，每天都要问老师："我今天表现好吗？"一天，老师说他有进步，给他一朵小红花，东东高兴极了。

附：案例分析参考答案

案例一：

分析：这是一种明显的依恋行为的表现，是依恋情感的转移。倩倩将小毯子看成获取心理安全的替代物。儿童依恋的表现：微笑、啼哭、吸吮、喊叫、抓握、偎依、跟随等。依恋对幼儿的社会性情感、认知发展都有重要的影响，需要认真对待。作为家长和教师，要关注孩子平时的表现，给予孩子更多的关爱，包括身体上的抚摸和语言、目光上的交流等，使孩子有更多的安全感。

案例二：

分析：红红和琪琪的这种行为都是嫉妒的表现。一方面表明幼儿自我意识的觉醒，开始认识到主我与客我的关系，另一方面表明自我控制能力还不够强。这种早期情感的出现对儿童社会性发展有重要的影响。

琪琪的行为表明她已经有强烈的自尊感，希望能得到老师的表扬，由于自己做操没有别人好，就使法绊倒别人，使之当众出丑，从而来缓解自己心中的不平。红红看到妈妈抱别人的孩子，表现出哭闹，是告诉妈妈一个信息，她需要妈妈的爱抚，这是对母亲抚爱的独占性的要求。自我意识越强，这种占有欲越强，对物的占有也是如此。

嫉妒心强是每个人正常的情绪，但嫉妒心强的宝宝在社会交往中会受到不利影响，阻碍人际关系的发展。为此，家长和老师应提高孩子自我认知能力，培养孩子的移情能力。

案例三：

分析：幼儿常常把自己想象的事情当作真实的事情，会混淆想象与真实的状态，常被成人误认为他在说谎。

这和幼儿感知分化发展不足有关。感知的分化不足，幼儿往往意识不到事物的异同，察觉不到事物的差异。另一方面，儿童想象与现实相混淆，是由于儿童认知水平不高。有时把想象表象和记忆表象相混淆，有些儿童渴望的事情会经反复想象，在头脑中留下了深刻的印象，以至于似乎变成是记忆中的事情了。中、大班幼儿想象与现实混淆的情况已经减少。

案例四：

分析：儿童情绪发展的趋势表现在社会化，丰富化和深刻化，自我调节化。

首先，引起儿童情绪反应的社会性动因不断增加，实物、玩具等是引起早期儿童情绪的动因。所以玩具碎了，红红就会哭，得到巧克力就会笑。其次，儿童情绪逐渐丰富和深刻化，早期儿童的情绪指向和体验比较表浅，因此他们的情绪很容易转化。最后，儿童情绪逐渐受到自我意识的支配，冲动性逐渐减少，稳定性逐渐提高，情绪从外露到内隐。婴幼儿的情绪是非常不稳定的，具有情境性、易变性、感染性等特点。随着年龄增长，儿童调节和控制情绪的能力逐渐增强。

案例五：

分析：幼儿还没有独立的自我评价，他们的自我评价常常依赖于成人对他们的评价，特别是在幼儿初期，往往不加考虑地轻信成人对自己的评价，自我评价只是成人评价的简单重复，幼儿的自我评价常常带有主观情绪性，过高评估自己，自我评价受到认识水平的限制。东东对自己的评价也体现了幼儿的自我评价依赖于成人的评价，受到自身认识水平的限制。

第四单元　复习与考试

一、总复习要求

(1)全面复习教材第一、第二单元各个课题的内容,将课程知识系统化。

(2)熟练掌握各课题的主要知识点和核心概念。

(3)重点理解并掌握学前儿童各年龄阶段的心理发展特征,树立学前教育尊重儿童身心发展规律的基本观念。

(4)巩固并掌握观察与分析儿童心理的基本内容和方法,能根据要求做出较合理的分析。

二、成绩考核与评价

(1)成绩考核内容

期末考试内容为教材所包含的知识点和相关专业技能,重点考核对学前儿童心理发展特征的理解、掌握水平和应用能力。

(2)考核方式

期末考试采用书面闭卷的形式。

(3)学期成绩评定

学期成绩评定实行 100 分制,其中平时成绩占 40%(课堂活动 20%、作业 20%),期末考试成绩占 60%。

测试题(一)

(考试时间:120 分钟　满分:100 分)

题号	一	二	三	四	五	总分
得分						

一、选择题(共 10 题,每题 2 分,总计 20 分)

1. 下列属于心理发展的特点的是(　　)。

A. 方向性　　B. 顺序性　　C. 阶段性　　D. 社会性

2. 认母的关键期是(　　)。

A. 2～3 个月　　B. 5～6 个月　　C. 1～2 个月　　D. 1 岁前

3. 儿童基本具备想象的基础是在(　　)。

A. 2～3 岁　　B. 1.5～2 岁　　C. 1～1.5 岁　　D. 4～5 岁

4. 不属于儿童口吃的原因的是(　　)。

A. 生理原因　　B. 心理原因　　C. 暗示　　D. 模仿

5. “三座山试验”的设计者是(　　)。

A. 维果斯基　　B. 皮亚杰　　C. 蒙台梭利　　D. 福禄贝尔

6. 1 岁半的儿童只能集中注意(　　)。

A. 10～15 分钟　　B. 8～10 分钟　　C. 5～8 分钟　　D. 15～20 分钟

7. 顶叶属于(　　)。

A. 运动中枢　　B. 体觉中枢　　C. 视觉中枢　　D. 听觉中枢

8. 使用排除法时,小班的图片为(　　)。

A. 3 张　　B. 4 张　　C. 5 张　　D. 6 张

9. 儿童大脑中接受、加工和保持信息的结构是(　　)。

A. 脑干　　B. 大脑皮层　　C. 后脑　　D. 沟回

10. 大班幼儿的游戏多为(　　)。

A. 规则性游戏　　B. 角色性游戏　　C. 模仿性游戏　　D. 社交性游戏

二、填空题（共 10 题，每题 1 分，总计 10 分）

1. 传统气质型分为________、________、________、________。
2. 根据社会性行为的动机和目的，可将其分为________、________两大类。
3. 2 岁以后，儿童与同伴交往的最主要形式是________。
4. 婴儿形成对父母的依恋是在________月时。
5. 培养儿童正确发音的关键期是________。
6. 儿童言语发展的基本规律是________。
7. 人们把记忆分为________、________、________三个基本过程。
8. 幼儿抽象逻辑思维开始发展的时间是________。
9. 第二信号系统是以________作为条件刺激物而形成的暂时神经联系系统。
10. ________保证了新生儿最基本的生命活动。

三、名词解释（共 5 题，每题 5 分，总计 25 分）

1. 无意想象

2. 关键期

3. 亲子关系

4. 观察法

5. 电报句

四、简答题（共 5 题，每题 5 分，总计 25 分）

1. 怎样培养幼儿想象力？

2. 幼儿的口语表达能力发展表现在哪些方面？

3. 学前儿童思维发展的总趋势是什么？

4. 亲子交往的重要性是什么？

5. 为什么普通话要从小抓起？

五、论述题(共 2 题,每题 10 分,总计 20 分)

1. 美国心理学家格塞尔的双生子爬梯实验说明了什么？并描绘实验过程。

2. 为什么幼儿中期常常出现“告状”现象？

测试题(二)

(考试时间:100 分钟　满分:100 分)

题号	一	二	三	四	五	总分
得分						

一、名词解释(共 5 题,每小题 5 分,总计 25 分)

1. 学前儿童心理学

2. 思维

3. 想象

4. 年龄特征

5. 有意注意

二、选择题(共 10 题,每题 2 分,总计 20 分)

1. 心理过程不包括以下哪一项(　　)。

A. 个性心理　　B. 认知过程　　C. 情感过程　　D. 意志过程

2.“好问好学,抽象思维能力开始萌发”属于哪一个年龄阶段儿童的心理发展特征(　　)。

A. 3～4 岁　　B. 4～5 岁　　C. 5～6 岁　　D. 6～7 岁

3. (　　)是客观事物直接作用于感官而在头脑中形成的对事物整体的反映。

A. 感觉　　B. 知觉　　C. 视觉　　D. 触觉

4. 我们所说的“一心二用”属于(　　)。

A. 注意的稳定性　　B. 注意的广度　　C. 注意的分配　　D. 注意的转移

5. 幼儿时儿童的记忆开始出现(　　)。

A. 机械记忆　　B. 瞬时记忆　　C. 长时记忆　　D. 永久记忆

6. (　　)想象即随意想象，是指根据一定的目的自觉努力进行的想象。

A. 有意想象　　B. 有意识记　　C. 无意想象　　D. 无意识记

7. 心理学家能根据外在表现推断出人的情绪特征和内心需要，是利用了思维的(　　)。

A. 抽象性　　B. 概括性　　C. 直观性　　D. 间接性

8. (　　)主要是教师通过展示语言和行为范例引导儿童效仿的语言教学方式，是学前儿童语言教育过程中最简单、最直接和最常见的一种方法。

A. 游戏法　　B. 示范法　　C. 练习法　　D. 表演法

9. 学前期儿童掌握得早且使用得最多的词是(　　)。

A. 动词　　B. 名词　　C. 数词　　D. 形容词

10. (　　)是儿童口头言语发展的关键期。

A. 3～4 岁　　B. 4～5 岁　　C. 5～6 岁　　D. 6 岁后

三、简答题(共 4 题，总计 30 分)

1. 简述幼儿观察力发展的特点及培养方法。(8 分)

2. 简要说明幼儿情绪的发展特点。(8 分)

3. 如何增强幼儿的记忆力？(6 公)

4. 幼儿期儿童想象的发展有何表现？(8 分)

四、论述题(计 15 分)

幼儿园教育中如何根据幼儿思维发展的趋势培养儿童的思维能力？

五、案例分析题(计 10 分)

苏林林小朋友今年三岁了,她最喜欢的玩具是她的布娃娃。一天小伙伴来家里玩,不小心把她的布娃娃弄脏了,林林伤心地哭了起来。这时,妈妈端上来刚刚做好的蛋糕,她又立刻开心地笑起来。林林已经到了上幼儿园的年龄,妈妈送她去幼儿园的第一天她很乖,也没有哭,可是幼儿园有别的小朋友哭得很伤心,林林看到也跟着哭了起来。

运用学过的学前儿童心理学知识,对苏林林小朋友的行为和心理加以分析,并提出针对性引导措施。

附　　录

3～6岁儿童学习与发展指南

教育部

2012年9月

说　明

一、为深入贯彻《国家中长期教育改革和发展规划纲要（2010—2020 年）》和《国务院关于当前发展学前教育的若干意见》（国发〔2010〕41 号），指导幼儿园和家庭实施科学的保育和教育，促进幼儿身心全面和谐发展，制定《3～6 岁儿童学习与发展指南》（以下简称《指南》）。

二、《指南》以为幼儿后继学习和终身发展奠定良好素质基础为目标，以促进幼儿体、智、德、美各方面的协调发展为核心，通过提出 3～6 岁各年龄段儿童学习与发展目标和相应的教育建议，帮助幼儿园教师和家长了解 3～6 岁幼儿学习与发展的基本规律和特点，建立对幼儿发展的合理期望，实施科学的保育和教育，让幼儿度过快乐而有意义的童年。

三、《指南》从健康、语言、社会、科学、艺术五个领域描述幼儿的学习与发展情况。每个领域按照幼儿学习与发展最基本、最重要的内容划分为若干方面。每个方面由学习与发展目标和教育建议两部分组成。

目标部分分别对 3～4 岁、4～5 岁、5～6 岁三个年龄段末期幼儿应该知道什么、能做什么，大致可以达到什么发展水平提出了合理期望，指明了幼儿学习与发展的具体方向；教育建议部分列举了一些能够有效帮助和促进幼儿学习与发展的教育途径与方法。

四、实施《指南》应把握以下几个方面：

1. 关注幼儿学习与发展的整体性。儿童的发展是一个整体，要注重领域之间、目标之间的相互渗透和整合，促进幼儿身心的全面协调发展，而不应片面追求某一方面或几方面的发展。

2. 尊重幼儿发展的个体差异。幼儿的发展是一个持续、渐进的过程，同时也表现出一定的阶段性特征。每个幼儿在沿着相似进程发展的过程中，各自的发展速度和到达某一水平的时间不完全相同。要充分理解和尊重幼儿发展进程中的个别差异，支持和引导他们从原有水平向更高水平发展，按照自身的速度和方式到达《指南》所呈现的发展“阶梯”，切忌用一把“尺子”衡量所有幼儿。

3. 理解幼儿的学习方式和特点。幼儿的学习是以直接经验为基础，在游戏和日常生活中进行的。要珍视游戏和生活的独特价值，创设丰富的教育环境，合理安排一日生活，最大限度地支持和满足幼儿通过直接感知、实际操作和亲身体验获取经验的需要，严禁“拔苗助长”式的超前教育和强化训练。

4. 重视幼儿的学习品质。幼儿在活动过程中表现出的积极态度和良好行为倾向是终身学习与发展所必需的宝贵品质。要充分尊重和保护幼儿的好奇心和学习兴趣，帮助幼儿逐步养成积极主动、认真专注、不怕困难、敢于探究和尝试、乐于想象和创造等良好学习品质。忽视幼儿学习品质培养而单纯追求知识技能学习的做法是短视而有害的。

一、健康

健康是指人在身体、心理和社会适应方面的良好状态。幼儿阶段是儿童身体发育和机能发展极为迅速的时期，也是形成安全感和乐观态度的重要阶段。发育良好的身体、愉快的情绪、强健的体质、协调的动作、良好的生活习惯和基本生活能力是幼儿身心健康的重要标志，也是其他领域学习与发展的基础。

为有效促进幼儿身心健康发展，成人应为幼儿提供合理均衡的营养，保证充足的睡眠和适宜的锻炼，满足幼儿生长发育的需要；创设温馨的人际环境，让幼儿充分感受到亲情和关爱，形成积极稳定的情绪情感；帮助幼儿养成良好的生活与卫生习惯，提高自我保护能力，形成使其终身受益的生活能力和文明生活方式。

幼儿身心发育尚未成熟，需要成人的精心呵护和照顾，但不宜过度保护和包办代替，以免剥夺幼儿自主学习的机会，养成过于依赖的不良习惯，影响其主动性、独立性的发展。

（一）身心状况

目标 1　具有健康的体态

3～4 岁	4～5 岁	5～6 岁
1. 身高和体重适宜 参考标准： 男孩： 身高：94.9～111.7 厘米 体重：12.7～21.2 公斤 女孩： 身高：94.1～111.3 厘米 体重：12.3～21.5 公斤 2. 在提醒下能自然坐直、站直	1. 身高和体重适宜 参考标准： 男孩： 身高：100.7～119.2 厘米 体重：14.1～24.2 公斤 女孩： 身高：99.9～118.9 厘米 体重：13.7～24.9 公斤 2. 在提醒下能保持正确的站、坐和行走姿势	1. 身高和体重适宜 参考标准： 男孩： 身高：106.1～125.8 厘米体重：15.9～27.1 公斤 女孩： 身高：104.9～125.4 厘米体重：15.3～27.8 公斤 2. 经常保持正确的站、坐和行走姿势

注：身高和体重数据来源：《2006 年世界卫生组织儿童生长标准》中关于 4、5、6 周岁儿童身高和体重的参考数据。

教育建议：

1. 为幼儿提供营养丰富、健康的饮食。如：

● 参照《中国孕期、哺乳期妇女和 0～6 岁儿童膳食指南》，为幼儿提供谷物、蔬菜、水果、肉、奶、蛋、豆制品等多样化的食物，均衡搭配。

● 烹调方式要科学，尽量少煎炸、烧烤、腌制。

2. 保证幼儿每天睡 11～12 小时，其中午睡一般应达到 2 小时左右。午睡时间可根据幼儿的年龄、季节的变化和个体差异适当减少。

3. 注意幼儿的体态，帮助他们形成正确的姿势。如：

● 提醒幼儿要保持正确的站、坐、走姿势；发现有八字脚、罗圈腿、驼背等骨骼发育异常的情况，应及时就医矫治。

● 桌、椅和床要合适。椅子的高度以幼儿写画时双脚能自然着地、大腿基本保持水平状为宜；桌子的高度以写画时身体能坐直，不驼背、不耸肩为宜；床不宜过软。

4. 每年为幼儿进行健康检查。

目标 2　情绪安定愉快

3～4 岁	4～5 岁	5～6 岁
1. 情绪比较稳定，很少因一点小事哭闹不止； 2. 有比较强烈的情绪反应时，能在成人的安抚下逐渐平静下来	1. 经常保持愉快的情绪，不高兴时能较快缓解； 2. 有比较强烈情绪反应时，能在成人提醒下逐渐平静下来； 3. 愿意把自己的情绪告诉亲近的人，一起分享快乐或求得安慰	1. 经常保持愉快的情绪。知道引起自己某种情绪的原因，并努力缓解； 2. 表达情绪的方式比较适度，不乱发脾气； 3. 能随着活动的需要转换情绪和注意力

教育建议：

1. 营造温暖、轻松的心理环境，让幼儿形成安全感和信赖感。如：

● 保持良好的情绪状态，以积极、愉快的情绪影响幼儿。

● 以欣赏的态度对待幼儿。注意发现幼儿的优点，接纳他们的个体差异，不简单与同伴做横向比较。

● 幼儿做错事时要冷静处理，不厉声斥责，更不能打骂。

2. 帮助幼儿学会恰当表达和调控情绪。如：

● 成人用恰当的方式表达情绪，为幼儿做出榜样。如生气时不乱发脾气，不迁怒于人。

● 成人和幼儿一起谈论自己高兴或生气的事，鼓励幼儿与人分享自己的情绪。

● 允许幼儿表达自己的情绪，并给予适当的引导。如幼儿发脾气时不硬性压制，等其平静后告诉他什么行为是可以接受的。

● 发现幼儿不高兴时，主动询问情况，帮助他们化解消极情绪。

目标 3　具有一定的适应能力

3～4 岁	4～5 岁	5～6 岁
1. 能在较热或较冷的户外环境中活动； 2. 换新环境时情绪能较快稳定，睡眠、饮食基本正常； 3. 在帮助下能较快适应集体生活	1. 能在较热或较冷的户外环境中连续活动半小时左右； 2. 换新环境时较少出现身体不适； 3. 能较快适应人际环境中发生的变化。如换了新老师能较快适应	1. 能在较热或较冷的户外环境中连续活动半小时以上； 2. 天气变化时较少感冒，能适应车、船等交通工具造成的轻微颠簸； 3. 能较快融入新的人际关系环境，如换了新的幼儿园或班级时能较快适应

教育建议：

1. 保证幼儿的户外活动时间，提高幼儿适应季节变化的能力。

● 幼儿每天的户外活动时间一般不少于两小时，其中体育活动时间不少于1小时，季节交替时要坚持。

● 气温过热或过冷的季节或地区应因地制宜，选择温度适当的时间段开展户外活动，也可根据气温的变化和幼儿的个体差异，适当调整活动的时间。

2. 经常与幼儿玩拉手转圈、荡秋千、转椅等游戏活动，让幼儿适应轻微的摆动、颠簸、旋转，促进其平衡机能的发展。

3. 锻炼幼儿适应生活环境变化的能力。如：

● 注意观察幼儿在新环境中的饮食、睡眠、游戏等方面的情况，采取相应的措施帮助他们尽快适应新环境。

● 经常带幼儿接触不同的人际环境，如参加亲戚朋友聚会，多和不熟悉的小朋友玩，使幼儿较快适应新的人际关系。

(二)动作发展

目标1 具有一定的平衡能力,动作协调、灵敏

3～4岁	4～5岁	5～6岁
1. 能沿地面直线或在较窄的低矮物体上走一段距离; 2. 能双脚灵活地交替上下楼梯; 3. 能身体平稳地双脚连续向前跳; 4. 分散跑时能躲避他人的碰撞; 5. 能双手向上抛球	1. 能在较窄的低矮物体上平稳地走一段距离; 2. 能以匍匐、膝盖悬空等多种方式钻爬; 3. 能助跑跨跳过一定距离,或助跑跨跳过一定高度的物体; 4. 能与他人玩追逐、躲闪跑的游戏; 5. 能自己连续抛球、接球	1. 能在斜坡、荡桥和有一定间隔的物体上较平稳地行走; 2. 能以手脚并用的方式安全地爬攀登架、网等; 3. 能连续跳绳; 4. 能躲避他人滚过来的球或扔过来的沙包; 5. 能连续拍球

教育建议:

1. 利用多种活动发展身体平衡和协调能力。如:

- 走平衡木,或沿着地面直线、田埂行走。
- 玩跳房子、踢毽子、蒙眼走路、踩小高跷等游戏活动。

2. 发展幼儿动作的协调性和灵活性。如:

- 鼓励幼儿进行跑跳、钻爬、攀登、投掷、拍球等活动。
- 玩跳竹竿、滚铁环等传统体育游戏。

3. 对于拍球、跳绳等技能性活动,不要过于要求数量,更不能机械训练。

4. 结合活动内容对幼儿进行安全教育,注重在活动中培养幼儿的自我保护能力。

目标2 具有一定的力量和耐力

3～4岁	4～5岁	5～6岁
1. 能双手抓杠悬空吊起10秒左右; 2. 能单手将沙包向前投掷2米左右; 3. 能单脚连续向前跳2米左右; 4. 能快跑15米左右; 5. 能行走1千米左右(途中可适当停歇)	1. 能双手抓杠悬空吊起15秒左右; 2. 能单手将沙包向前投掷4米左右; 3. 能单脚连续向前跳5米左右; 4. 能快跑20米左右; 5. 能连续行走1.5千米左右(途中可适当停歇)	1. 能双手抓杠悬空吊起20秒左右; 2. 能单手将沙包向前投掷5米左右; 3. 能单脚连续向前跳8米左右; 4. 能快跑25米左右; 5. 能连续行走1.5千米以上(途中可适当停歇)

教育建议：

1. 开展丰富多样、适合幼儿年龄特点的各种身体活动，如走、跑、跳、攀、爬等，鼓励幼儿坚持下来，不怕累。

2. 日常生活中鼓励幼儿多走路、少坐车；自己上下楼梯、自己背包。

目标 3　手的动作灵活协调

3～4 岁	4～5 岁	5～6 岁
1. 能用笔涂涂画画； 2. 能熟练地用勺子吃饭； 3. 能用剪刀沿直线剪东西，边线基本吻合	1. 能沿边线较直地画出简单图形，或能边线基本对齐地折纸； 2. 会用筷子吃饭； 3. 能沿轮廓线剪出由直线构成的简单图形，边线吻合	1. 能根据需要画出图形，线条基本平滑； 2. 能熟练使用筷子； 3. 能沿轮廓线剪出由曲线构成的简单图形，边线吻合且平滑； 4. 能使用简单的劳动工具或用具

教育建议：

1. 创造条件和机会，促进幼儿手的动作灵活协调。如：

● 提供画笔、剪刀、纸张、泥团等工具和材料，或充分利用各种自然、废旧材料和常见物品，让幼儿进行画、剪、折、粘等美工活动。

● 引导幼儿生活自理或参与家务劳动，发展其手的动作。如练习自己用筷子吃饭、扣扣子，帮助家人择菜叶、做面食等。

● 幼儿园在布置娃娃家、商店等活动区时，多提供原材料和半成品，让幼儿有更多机会参与制作活动。

2. 引导幼儿注意活动安全。如：

● 为幼儿提供的塑料粒、珠子等活动材料要足够大，材质要安全，以免造成异物进入气管、铅中毒等伤害。提供幼儿用安全剪刀。

● 为幼儿示范拿筷子、握笔的正确姿势以及使用剪刀、锤子等工具的方法。

● 提醒幼儿不要拿剪刀等锋利工具玩耍，用完后要放回原处。

(三)生活习惯与生活能力

目标 1　具有良好的生活与卫生习惯

3～4 岁	4～5 岁	5～6 岁
1. 在成人提醒下，按时睡觉和起床，并能坚持午睡；	1. 每天按时睡觉和起床，并能坚持午睡；	1. 养成每天按时睡觉和起床的习惯；

（续表）

3～4岁	4～5岁	5～6岁
2. 喜欢参加体育活动； 3. 在成人引导下，不偏食、不挑食。喜欢吃瓜果、蔬菜等新鲜食品； 4. 愿意饮用白开水，不贪喝饮料； 5. 不用脏手揉眼睛，连续看电视等不超过15分钟； 6. 在成人提醒下，每天早晚刷牙、饭前便后洗手	2. 喜欢参加体育活动； 3. 不偏食、不挑食，不暴饮暴食。喜欢吃瓜果、蔬菜等新鲜食品； 4. 常喝白开水，不贪喝饮料； 5. 知道保护眼睛，不在光线过强或过暗的地方看书，连续看电视等不超过20分钟； 6. 每天早晚刷牙、饭前便后洗手，方法基本正确	2. 能主动参加体育活动； 3. 吃东西时细嚼慢咽； 4. 主动饮用白开水，不贪喝饮料； 5. 主动保护眼睛。不在光线过强或过暗的地方看书，连续看电视等不超过30分钟； 6. 每天早晚主动刷牙，饭前便后主动洗手，方法正确

教育建议：

1. 让幼儿保持有规律的生活，养成良好的作息习惯。如：早睡早起、每天午睡、按时进餐、吃好早餐等。

2. 帮助幼儿养成良好的饮食习惯。如：

● 合理安排餐点，帮助幼儿养成定点、定时、定量进餐的习惯。

● 帮助幼儿了解食物的营养价值，引导他们不偏食、不挑食，少吃或不吃不利于健康的食品；多喝白开水，少喝饮料。

● 吃饭时不过分催促，提醒幼儿细嚼慢咽，不要边吃边玩。

3. 帮助幼儿养成良好的个人卫生习惯。如：

● 早晚刷牙、饭后漱口。

● 勤为幼儿洗澡、换衣服、剪指甲。

● 提醒幼儿保护五官，如不乱挖耳朵、鼻孔，看电视时保持3米左右的距离等。

4. 激发幼儿参加体育活动的兴趣，养成锻炼的习惯。如：

● 为幼儿准备多种体育活动材料，鼓励他选择自己喜欢的材料开展活动。

● 经常和幼儿一起在户外运动和游戏，鼓励幼儿和同伴一起开展体育活动。

● 和幼儿一起观看体育比赛或有关体育赛事的电视节目，培养他对体育活动的兴趣。

目标2　具有基本的生活自理能力

3～4岁	4～5岁	5～6岁
1. 在成人帮助下能穿脱衣服或鞋袜； 2. 能将玩具和图书放回原处；	1. 能自己穿脱衣服、鞋袜，会扣纽扣； 2. 能整理自己的物品	1. 能知道根据冷热增减衣服； 2. 会自己系鞋带； 3. 能按类别整理好自己的物品

教育建议：

1. 鼓励幼儿做力所能及的事情，对幼儿的尝试与努力给予肯定，不因他们做不好或做得慢而包办代替。

2. 指导幼儿学习和掌握生活自理的基本方法，如穿脱衣服和鞋袜、洗手洗脸、擦鼻涕、擦屁股的正确方法。

3. 提供有利于幼儿生活自理的条件。如：

● 提供一些纸箱、盒子，供幼儿收拾和存放自己的玩具、图书或生活用品等。

● 幼儿的衣服、鞋子等要简单实用，便于自己穿脱。

目标 3　具备基本的安全知识和自我保护能力

3～4 岁	4～5 岁	5～6 岁
1. 不吃陌生人给的东西，不跟陌生人走； 2. 在提醒下能注意安全，不做危险的事； 3. 在公共场所走失时，能向警察或有关人员说出自己和家长的名字、电话号码等简单信息	1. 知道在公共场合不远离成人的视线单独活动； 2. 认识常见的安全标志，能遵守安全规则； 3. 运动时能主动躲避危险； 4. 知道简单的求助方式	1. 未经大人允许不给陌生人开门； 2. 能自觉遵守基本的安全规则和交通规则； 3. 运动时能注意安全，不给他人造成危险； 4. 知道一些基本的防灾知识

教育建议：

1. 创设安全的生活环境，提供必要的保护措施。如：

● 要把热水瓶、药品、火柴、刀具等物品放到幼儿触碰不到的地方；阳台或窗台要有安全保护措施；要使用安全的电源插座等。

● 在公共场所要注意照看好幼儿；幼儿乘车、乘电梯时要有成人陪伴；不把幼儿单独留在家里或汽车里等。

2. 结合生活实际对幼儿进行安全教育。如：

● 外出时，提醒幼儿要紧跟成人，不远离成人的视线，不跟陌生人走，不吃陌生人给的东西；不在河边和马路边玩耍；要遵守交通规则等。

● 帮助幼儿了解周围环境中不安全的事物，不做危险的事。如不动热水壶，不玩火柴或打火机，不摸电源插座，不攀爬窗户或阳台等。

● 帮助幼儿认识常见的安全标识，如：小心触电、小心有毒、禁止下河游泳、紧急出口等。

● 告诉幼儿不允许别人触摸自己的隐私部位。

3. 教给幼儿简单的自救和求救的方法。如：

- 记住自己家庭的住址、电话号码、父母的姓名和单位，一旦走失时知道向成人求助，并能提供必要信息。
- 遇到火灾或其他紧急情况时，知道要拨打 110、120、119 等求救电话。
- 可利用图书、音像等材料对幼儿进行逃生和求救方面的教育，并运用游戏方式模拟练习。
- 幼儿园应定期进行火灾、地震等自然灾害的逃生演习。

二、语言

语言是进行交流和思维活动的工具。幼儿期是语言发展，特别是口语发展的重要时期。幼儿语言的发展贯穿各个领域，也对其他领域的学习与发展有着重要的影响：幼儿在运用语言进行交流的同时，也在发展着人际交往能力、理解他人和判断交往情境的能力、组织自己思想的能力。通过语言获取信息，幼儿的学习逐步超越个体的直接感知。

幼儿的语言能力是在交流和运用的过程中发展起来的。应为幼儿创设自由、宽松的语言交往环境，鼓励和支持幼儿与成人、同伴交流，让幼儿想说、敢说、喜欢说并能得到积极回应。为幼儿提供丰富、适宜的低幼读物，经常和幼儿一起看图书、讲故事，丰富其语言表达能力，培养阅读兴趣和良好的阅读习惯，进一步拓展学习经验。

幼儿的语言学习需要相应的社会经验支持，应通过多种活动扩展幼儿的生活经验，丰富语言的内容，增强理解和表达能力。应在生活情境和阅读活动中引导幼儿自然而然地产生对文字的兴趣，用机械记忆和强化训练的方式让幼儿过早识字不符合其学习特点和接受能力。

（一）倾听与表达

目标 1　认真听并能听懂常用语言

3～4 岁	4～5 岁	5～6 岁
1. 别人对自己说话时能注意听并做出回应； 2. 能听懂日常会话	1. 在群体中能有意识地听与自己有关的信息； 2. 能结合情境感受到不同语气、语调所表达的不同意思； 3. 方言地区和少数民族幼儿能基本听懂普通话	1. 在集体中能注意听老师或其他人讲话； 2. 听不懂或有疑问时能主动提问； 3. 能结合情境理解一些表示因果、假设等相对复杂的句子

教育建议：

1. 多给幼儿提供倾听和交谈的机会。如：经常和幼儿一起谈论他感兴趣的话题，或一起看图书、讲故事。

2. 引导幼儿学会认真倾听。如：

● 成人要耐心倾听别人（包括幼儿）的讲话，等别人讲完再表达自己的观点。

● 与幼儿交谈时，要用幼儿能听得懂的语言。

● 对幼儿提要求和布置任务时要求他注意听，鼓励他主动提问。

3. 对幼儿讲话时，注意结合情境使用丰富的语言，以便于幼儿理解。如：

● 说话时注意语气、语调，让幼儿感受语气、语调的作用。如对幼儿的不合理要求以比较坚定的语气表示不同意；讲故事时，尽量把故事人物高兴、悲伤的心情用不同的语气、语调表现出来。

● 根据幼儿的理解水平有意识地使用一些反映因果、假设、条件等关系的句子。

目标 2　愿意讲话并能清楚地表达

3～4 岁	4～5 岁	5～6 岁
1. 愿意在熟悉的人面前说话，能大方地与人打招呼； 2. 基本会说本民族或本地区的语言； 3. 愿意表达自己的需要和想法，必要时能配以手势动作； 4. 能口齿清楚地说儿歌、童谣或复述简短的故事	1. 愿意与他人交谈，喜欢谈论自己感兴趣的话题； 2. 会说本民族或本地区的语言，基本会说普通话。少数民族聚居地区幼儿会用普通话进行日常会话； 3. 能基本完整地讲述自己的所见所闻和经历的事情； 4. 讲述比较连贯	1. 愿意与他人讨论问题，敢在众人面前说话； 2. 会说本民族或本地区的语言和普通话，发音正确清晰。少数民族聚居地区幼儿基本会说普通话； 3. 能有序、连贯、清楚地讲述一件事情； 4. 讲述时能使用常见的形容词、同义词等，语言比较生动

教育建议：

1. 为幼儿创造说话的机会并体验语言交往的乐趣。

● 每天有足够的时间与幼儿交谈。如谈论他感兴趣的话题，询问和听取他对自己事情的意见等。

● 尊重和接纳幼儿的说话方式，无论幼儿的表达水平如何，都应认真地倾听并给予积极的回应。

● 鼓励和支持幼儿与同伴一起玩耍、交谈，相互讲述见闻、趣事或看过的图书、动画片等。

● 方言和少数民族地区应积极为幼儿创设用普通话交流的语言环境。

2. 引导幼儿清楚地表达。如：

● 和幼儿讲话时，成人自身的语言要清楚、简洁。

● 当幼儿因为急于表达而说不清楚的时候，提醒他不要着急，慢慢说；同时要耐心倾听，给予必要的补充，帮助他理清思路并清晰地说出来。

目标3　具有文明的语言习惯

3～4岁	4～5岁	5～6岁
1. 与别人讲话时知道眼睛要看着对方； 2. 说话自然，声音大小适中； 3. 能在成人的提醒下使用恰当的礼貌用语	1. 别人对自己讲话时能回应； 2. 能根据场合调节自己说话声音的大小； 3. 能主动使用礼貌用语，不说脏话、粗话	1. 别人讲话时能积极主动地回应； 2. 能根据谈话对象和需要，调整说话的语气； 3. 懂得按次序轮流讲话，不随意打断别人； 4. 能依据所处情境使用恰当的语言，如在别人难过时会用恰当的语言表示安慰

教育建议：

1. 成人注意语言文明，为幼儿做出表率。如：

● 与他人交谈时，认真倾听，使用礼貌用语。

● 在公共场合不大声说话，不说脏话、粗话。

● 幼儿表达意见时，成人可蹲下来，眼睛平视幼儿，耐心听他把话说完。

2. 帮助幼儿养成良好的语言行为习惯。如：

● 结合情境提醒幼儿一些必要的交流礼节。如对长辈说话要有礼貌，客人来访时要打招呼，得到帮助时要说谢谢等。

● 提醒幼儿遵守集体生活的语言规则，如轮流发言，不随意打断别人讲话等。

● 提醒幼儿注意公共场所的语言文明，如不大声喧哗。

(二)阅读与书写准备

目标1　喜欢听故事，看图书

3～4岁	4～5岁	5～6岁
1. 主动要求成人讲故事、读图书； 2. 喜欢跟读韵律感强的儿歌、童谣； 3. 爱护图书，不乱撕、乱扔	1. 反复看自己喜欢的图书； 2. 喜欢把听过的故事或看过的图书讲给别人听； 3. 对生活中常见的标识、符号感兴趣，知道它们表示一定的意义	1. 专注地阅读图书； 2. 喜欢与他人一起谈论图书和故事的有关内容； 3. 对图书和生活情境中的文字符号感兴趣，知道文字表示一定的意义

教育建议：

1. 为幼儿提供良好的阅读环境和条件。如：

● 提供一定数量、符合幼儿年龄特点、富有童趣的图画书。

● 提供相对安静的地方，尽量减少干扰，保证幼儿自主阅读。

2. 激发幼儿的阅读兴趣，培养阅读习惯。如：

● 经常抽时间与幼儿一起看图书、讲故事。

● 提供童谣、故事和诗歌等不同体裁的儿童文学作品，让幼儿自主选择和阅读。

● 当幼儿遇到感兴趣的事物或问题时，和他一起查阅图书资料，让他感受图书的作用，体会通过阅读获取信息的乐趣。

3. 引导幼儿体会标识、文字符号的用途。如：

● 向幼儿介绍医院、公用电话等生活中的常见标识，让他知道标识可以代表具体事物。

● 结合生活实际，帮助幼儿体会文字的用途。如买来新玩具时，把说明书上的文字念给幼儿听，让他了解玩具的玩法。

目标 2　具有初步的阅读理解能力

3～4 岁	4～5 岁	5～6 岁
1. 能听懂短小的儿歌或故事； 2. 会看画面，能根据画面说出图中有什么，发生了什么事等； 3. 能理解图书上的文字是和画面对应的，是用来表达画面意义的	1. 能大体讲出所听故事的主要内容； 2. 能根据连续画面提供的信息，大致说出故事的情节； 3. 能随着作品的展开产生喜悦、担忧等相应的情绪反应，体会作品所表达的情绪情感	1. 能说出所阅读的幼儿文学作品的主要内容； 2. 能根据故事的部分情节或图书画面的线索猜想故事情节的发展，或续编、创编故事 3. 对看过的图书、听过的故事能说出自己的看法 4. 能初步感受文学语言的美

教育建议：

1. 经常和幼儿一起阅读，引导他以自己的经验为基础理解图书的内容。如：

● 引导幼儿仔细观察画面，结合画面讨论故事内容，学习建立画面与故事内容的联系。

● 和幼儿一起讨论或回忆书中的故事情节，引导他有条理地说出故事的大致内容。

● 在给幼儿读书或讲故事时，可先不告诉幼儿名字，让其听完后自己命名，并说出这样命名的理由。

● 鼓励幼儿自主阅读，并与他人讨论自己在阅读中的发现、体会和想法。

2. 在阅读中发展幼儿的想象力和创造能力。如：

● 鼓励幼儿依据画面线索讲述故事，大胆推测、想象故事情节的发展，改编故事部分情节或续编故事结尾。

● 鼓励幼儿用故事表演、绘画等不同的方式表达自己对图书和故事的理解。

● 鼓励和支持幼儿自编故事，并为自编的故事配上图画，制成图画书。

3. 引导幼儿感受文学作品的美。如：

● 有意识地引导幼儿欣赏或模仿文学作品的语言节奏和韵律。

● 给幼儿读书时，通过表情、动作和抑扬顿挫的声音传达书中的情绪情感，让幼儿体会作品的感染力和表现力。

目标 3 具有书面表达的愿望和初步技能

3～4 岁	4～5 岁	5～6 岁
喜欢用涂涂画画表达一定的意思	1. 愿意用图画和符号表达自己的愿望和想法； 2. 在成人提醒下，写写画画时姿势正确	1. 愿意用图画和符号表现事物或故事； 2. 会正确书写自己的名字； 3. 写画时姿势正确

教育建议：

1. 让幼儿在写写画画的过程中体验文字符号的功能，培养书写兴趣。如：

● 准备供幼儿随时取放的纸、笔等材料，也可利用沙地、树枝等自然材料，满足幼儿自由涂画的需要。

● 鼓励幼儿将自己感兴趣的事情或故事画下来并讲给别人听，让幼儿体会通过写写画画的方式可以表达自己的想法和情感。

● 把幼儿讲过的事情用文字记录下来，并念给他听，使幼儿知道说的话可以用文字记录下来，从中体会文字的用途。

2. 在绘画和游戏中做必要的书写准备，如：

● 通过把虚线画出的图形轮廓连成实线等游戏，促进手眼协调，同时帮助幼儿学习由上至下、由左至右的运笔技能。

● 鼓励幼儿学习书写自己的名字。

● 提醒幼儿写画时保持正确姿势。

三、社会

幼儿在社会领域的学习与发展过程是其社会性不断完善并奠定健全人格基础的过程。人际交往和社会适应是幼儿社会学习的主要内容，也是其社会性发展的基本途径。幼儿在与成人和同伴交往的过程中，不仅学习如何与人友好相处，也在学习如何看待自己、对待他人，不断发展适应社会生活的能力。良好的社会性发展对幼儿身心健康和其他各方面的发展都具有重要影响。

家庭、幼儿园和社会应共同努力，为幼儿创设温暖、关爱、平等的家庭和集体生活氛围，建立良好的亲子关系、师生关系和同伴关系，让幼儿在积极健康的人际关系中获得安全感和信任感，发展自信和自尊，在良好的社会环境及文化的熏陶中学会遵守规则，形成基本的认同感和归属感。

幼儿的社会性主要是在日常生活和游戏中通过观察和模仿潜移默化地发展起来的。成人应注重自己言行的榜样作用，避免简单生硬的说教。

（一）人际交往

目标 1　愿意与人交往

3～4 岁	4～5 岁	5～6 岁
1. 愿意和小朋友一起游戏； 2. 愿意与熟悉的长辈一起活动	1. 喜欢和小朋友一起游戏，有经常一起玩的小伙伴； 2. 喜欢和长辈交谈，有事愿意告诉长辈	1. 有自己的好朋友，也喜欢结交新朋友 2. 有问题愿意向别人请教 3. 有高兴的或有趣的事愿意与大家分享

教育建议：

1. 主动亲近和关心幼儿，经常和他一起游戏或活动，让幼儿感受到与成人交往的快乐，建立亲密的亲子关系和师生关系。

2. 创造交往的机会，让幼儿体会交往的乐趣。如：

● 利用走亲戚、到朋友家做客或有客人来访的时机，鼓励幼儿与他人接触和交谈。

● 鼓励幼儿参加小朋友的游戏，邀请小朋友到家里玩，感受有朋友一起玩的快乐。

● 幼儿园应多为幼儿提供自由交往和游戏的机会，鼓励他们自主选择、自由结伴开展活动。

目标 2　能与同伴友好相处

3～4 岁	4～5 岁	5～6 岁
1. 想加入同伴的游戏时，能友好地提出请求； 2. 在成人指导下，不争抢、不独霸玩具； 3. 与同伴发生冲突时，能听从成人的劝解	1. 会运用介绍自己、交换玩具等简单技巧加入同伴游戏； 2. 对大家都喜欢的东西能分享； 3. 与同伴发生冲突时，能在他人帮助下和平解决； 4. 活动时愿意接受同伴的意见和建议； 5. 不欺负弱小	1. 能想办法吸引同伴和自己一起游戏； 2. 活动时能与同伴分工合作，遇到困难能一起克服； 3. 与同伴发生冲突时能自己协商解决； 4. 知道别人的想法有时和自己不一样，能倾听和接受别人的意见，不能接受时会说明理由； 5. 不欺负别人，也不允许别人欺负自己

教育建议：

1. 结合具体情境，指导幼儿学习交往的基本规则和技能。如：

● 当幼儿不知怎样加入同伴游戏，或提出的请求不被接受时，建议他拿出玩具邀请大家一起玩；或者扮成某个角色加入同伴的游戏。

● 对幼儿与别人分享玩具、图书等行为给予肯定，让他对自己的表现感到高兴和满足。

● 当幼儿与同伴发生矛盾或冲突时，指导他尝试用协商、交换、轮流玩、合作等方式解决冲突。

● 利用相关的图书、故事，结合幼儿的交往经验，和他讨论什么样的行为受大家欢迎，想要得到别人的接纳应该怎样做。

● 幼儿园应多为幼儿提供需要大家齐心协力才能完成的活动，让幼儿在具体活动中体会合作的重要性，学习分工合作。

2. 结合具体情境，引导幼儿换位思考，学习理解别人。如：

● 幼儿有争抢玩具等不友好行为时，引导他们想想“假如你是那个小朋友，你有什么感受？”让幼儿学习理解别人的想法和感受。

3. 和幼儿一起谈谈他的好朋友，说说喜欢这个朋友的原因，引导他多发现同伴的优点、长处。

目标3　具有自尊、自信、自主的表现

3～4岁	4～5岁	5～6岁
1. 能根据自己的兴趣选择游戏或其他活动； 2. 为自己的好行为或活动成果感到高兴； 3. 自己能做的事情愿意自己做； 4. 喜欢承担一些小任务	1. 能按自己的想法进行游戏或其他活动； 2. 知道自己的一些优点和长处，并对此感到满意； 3. 自己的事情尽量自己做，不愿意依赖别人； 4. 敢于尝试有一定难度的活动和任务	1. 能主动发起活动或在活动中出主意、想办法； 2. 做了好事或取得了成功后还想做得更好； 3. 自己的事情自己做，不会的愿意学； 4. 主动承担任务，遇到困难能够坚持而不轻易求助； 5. 与别人的看法不同时，敢于坚持自己的意见并说出理由

教育建议：

1. 关注幼儿的感受，保护其自尊心和自信心。如：

● 能以平等的态度对待幼儿，使幼儿切实感受到自己被尊重。

● 对幼儿好的行为表现多给予具体、有针对性的肯定和表扬，让他对自己优点和长处有所认识并感到满足和自豪。

● 不要拿幼儿的不足与其他幼儿的优点做比较。

2. 鼓励幼儿自主做决定，独立做事，增强其自尊心和自信心。如：

● 与幼儿有关的事情要征求他的意见，即使他的意见与成人不同，也要认真倾听，接受他的合理要求。

● 在保证安全的情况下，支持幼儿按自己的想法做事；或提供必要的条件，帮助他实现自己的想法。

● 幼儿自己的事情尽量放手让他自己做，即使做得不够好，也应鼓励并给予一定的指导，让他在做事中树立自尊和自信。

● 鼓励幼儿尝试有一定难度的任务，并注意调整难度，让他感受到经过努力获得的成就感。

目标 4　关心尊重他人

3～4 岁	4～5 岁	5～6 岁
1. 长辈讲话时能认真听，并能听从长辈的要求； 2. 身边的人生病或不开心时表示同情； 3. 在提醒下能做到不打扰别人。	1. 会用礼貌的方式向长辈表达自己的要求和想法； 2. 能注意到别人的情绪，并有关心、体贴的表现； 3. 知道父母的职业，能体会到父母为养育自己所付出的辛劳	1. 能有礼貌地与人交往； 2. 能关注别人的情绪和需要，并能给予力所能及的帮助； 3. 尊重为大家提供服务的人，珍惜他们的劳动成果； 4. 接纳、尊重与自己的生活方式或习惯不同的人

教育建议：

1. 成人以身作则，以尊重、关心的态度对待自己的父母、长辈和其他人。如：

● 经常问候父母，主动做家务。

● 礼貌地对待老年人，如坐车时主动为老人让座。

● 看到别人有困难能主动关心并给予一定的帮助。

2. 引导幼儿尊重、关心长辈和身边的人，尊重他人劳动及成果。如：

● 提醒幼儿关心身边的人，如妈妈累了，知道让她安静休息一会儿。

● 借助故事、图书等给幼儿讲讲父母抚育孩子成长的经历，让幼儿理解和体会父爱与母爱。

● 结合实际情境，提醒幼儿注意别人的情绪，了解他们的需要，给予适当的关心和帮助。

● 利用生活机会和角色游戏，帮助幼儿了解与自己关系密切的社会服务机构及其工作，如商场、邮局、医院等，体会这些机构给大家提供的便利和服务，懂得尊重工作人员的劳动，珍惜劳动成果。

3. 引导幼儿学习用平等、接纳和尊重的态度对待差异。如：

● 了解每个人都有自己的兴趣、爱好和特长，可以相互学习。

● 利用民间游戏、传统节日等，适当向幼儿介绍我国主要民族和世界其他国家和民族的文化，帮助幼儿感知文化的多样性和差异性，理解人们之间是平等的，应该互相尊重，友好相处。

(二)社会适应

目标 1　喜欢并适应群体生活

3～4 岁	4～5 岁	5～6 岁
1. 对群体活动有兴趣； 2. 对幼儿园的生活好奇，喜欢上幼儿园	1. 愿意并主动参加群体活动； 2. 愿意与家长一起参加社区的一些群体活动	1. 在群体活动中积极、快乐； 2. 对小学生活有好奇和向往

教育建议：

1. 经常和幼儿一起参加一些群体性的活动，让幼儿体会群体活动的乐趣。如：参加亲戚、朋友和同事间的聚会以及适合幼儿参加的社区活动等，支持幼儿和不同群体的同伴一起游戏，丰富其群体活动的经验。

2. 幼儿园组织活动时，可以经常打破班级的界限，让幼儿有更多机会参加不同群体的活动。

3. 带领大班幼儿参观小学，讲讲小学有趣的活动，唤起他们对小学生活的好奇和向往，为入学做好心理准备。

目标 2　遵守基本的行为规范

3～4 岁	4～5 岁	5～6 岁
1. 在成人提醒下，能遵守游戏和公共场所的规则； 2. 知道不经允许不能拿别人的东西，借别人的东西要归还； 3. 在成人提醒下，爱护玩具和其他物品	1. 感受规则的意义，并能基本遵守规则； 2. 不私自拿不属于自己的东西； 3. 知道说谎是不对的； 4. 知道接受了的任务要努力完成； 5. 在成人提醒下，能节约粮食、水电等	1. 理解规则的意义，能与同伴协商制定游戏和活动规则； 2. 爱惜物品，用别人的东西时也知道爱护； 3. 做了错事敢于承认，不说谎； 4. 能认真负责地完成自己所接受的任务； 5. 爱护身边的环境，注意节约资源

教育建议：

1. 成人要遵守社会行为规则，为幼儿树立良好的榜样。如：答应幼儿的事一定要做到、尊老爱幼、爱护公共环境、节约水电等。

2. 结合社会生活实际，帮助幼儿了解基本行为规则或其他游戏规则，体会规则的重要性，学习自觉遵守规则。如：

● 经常和幼儿玩带有规则的游戏，遵守共同约定的游戏规则。

● 利用实际生活情境和图书故事，向幼儿介绍一些必要的社会行为规则，向其说明为什么要遵守这些规则。

● 在幼儿园的区域活动中创设情境，让幼儿体会到没有规则的不方便，鼓励他们讨论制定规则并自觉遵守。

● 对幼儿表现出的遵守规则的行为要及时肯定，对违规行为给予纠正。如：幼儿主动为老人让座时要表扬；幼儿损害别人的物品或公共物品时要及时制止并主动赔偿。

3. 教育幼儿要诚实守信。如：

● 对幼儿诚实守信的行为要及时肯定。

● 允许幼儿犯错误，告诉他改了就好。不要打骂幼儿，以免他因害怕惩罚而说谎。

● 低年龄幼儿经常分不清想象和现实，成人不要误认为他是在说谎。

● 发现幼儿说谎时，要反思是否是因自己对幼儿的要求过高过严造成的。如果是，要及时调整自己的行为，同时要严肃地告诉幼儿说谎是不对的。

● 经常给幼儿分配一些力所能及的任务，要求他完成并及时给予表扬，培养他的责任感和认真负责的态度。

目标 3　具有初步的归属感

3～4 岁	4～5 岁	5～6 岁
1. 知道和自己一起生活的家庭成员及与自己的关系，体会到自己是家庭的一员； 2. 能感受到家庭生活的温暖，爱父母，亲近与信赖长辈； 3. 能说出自己家所在街道、小区（乡镇、村）的名称； 4. 认识国旗，知道国歌	1. 喜欢自己所在的幼儿园和班级，积极参加集体活动； 2. 能说出自己家所在地的省、市、县（区）名称，知道当地有代表性的物产或景观； 3. 知道自己是中国人； 4. 奏国歌、升国旗时能自动站好	1. 愿意为集体做事，为集体的成绩感到高兴； 2. 能感受到家乡的发展变化并为此感到高兴； 3. 知道自己的民族，知道中国是一个多民族的大家庭，各民族之间要互相尊重，团结友爱； 4. 知道国家一些重大成就，爱祖国，为自己是中国人感到自豪

教育建议：

1. 亲切地对待幼儿，关心幼儿，让他感到长辈是可亲、可近、可信赖的，家庭和幼儿园是温暖的。如：

● 多和孩子一起游戏、谈笑，尽量在家庭和班级中营造温馨的氛围。

● 通过和幼儿一起翻阅照片、讲幼儿成长的故事等，让幼儿感受到家庭和幼儿园的温暖，老师的和蔼可亲，对养育自己的人产生感激之情。

2. 吸引和鼓励幼儿参加集体活动，萌发集体意识。如：

● 幼儿园和班级里的重大事情和计划，请幼儿集体讨论决定。

● 幼儿园应经常组织多种形式的集体活动，萌发幼儿的集体荣誉感。

3. 运用幼儿喜闻乐见和能够理解的方式，激发幼儿爱家乡、爱祖国的情感。如：

● 和幼儿说一说或在地图上找一找自己家所在的省、市、县（区）名称。

● 和幼儿一起外出游玩，一起看有关的电视节目或画报等；和他们一起收集有关家乡、祖国各地的风景名胜、著名的建筑、独特物产的图片等，在观看和欣赏的过程中激发幼儿的自豪感和热爱之情。

● 利用电视节目或参加升旗等活动，向幼儿介绍国旗、国歌以及观看升旗、奏国歌的礼仪。

● 向幼儿介绍反映中国人聪明才智的发明和创造，激发幼儿的民族自豪感。

四、科学

幼儿的科学学习是在探究具体事物和解决实际问题中，尝试发现事物间的异同和联系的过程。幼儿在对自然事物的探究和运用数学解决实际生活问题的过程中，不仅获得了丰富的感性经验，充分发展形象思维，而且初步尝试进行归类、排序、判断、推理，逐步发展逻辑思维能力，为其他领域的深入学习奠定基础。

幼儿科学学习的核心是激发探究兴趣，体验探究过程，发展初步的探究能力。成人要善于发现和保护幼儿的好奇心，充分利用自然和实际生活机会，引导幼儿通过观察、比较、操作、实验等方法，学习发现问题、分析问题和解决问题；帮助幼儿不断积累经验，并运用于新的学习活动，形成受益终身的学习态度和能力。

幼儿的思维特点以具体形象思维为主，应注重引导幼儿通过直接感知、亲身体验和实际操作进行科学学习，不应为追求知识和技能的掌握，对幼儿进行灌输和强化训练。

(一)科学探究

目标 1　亲近自然,喜欢探究

3～4 岁	4～5 岁	5～6 岁
1. 喜欢接触大自然,对周围的很多事物和现象感兴趣; 2. 经常问各种问题,或好奇地摆弄物品	1. 喜欢接触新事物,经常问一些与新事物有关的问题; 2. 常常动手、动脑探索物体和材料,并乐在其中	1. 对自己感兴趣的问题总是刨根问底; 2. 能经常动手、动脑寻找问题的答案; 3. 探索中有所发现时感到兴奋和满足

教育建议:

1. 经常带幼儿接触大自然,激发其好奇心与探究欲望。如:

● 为幼儿提供一些有趣的探究工具,用自己的好奇心和探究积极性感染和带动幼儿。

● 和幼儿一起发现并分享周围新奇、有趣的事物或现象,一起寻找问题的答案。

● 通过拍照和画图等方式保留和积累有趣的探索与发现。

2. 真诚地接纳、多方面支持和鼓励幼儿的探索行为。如:

● 认真对待幼儿的问题,引导他们猜一猜、想一想,有条件时和幼儿一起做一些简易的调查或有趣的小实验。

● 容忍幼儿因探究而弄脏、弄乱甚至破坏物品的行为,引导他们在活动后进行收拾整理。

● 多为幼儿选择一些能操作、多变化、多功能的玩具材料或废旧材料,在保证安全的前提下,鼓励幼儿拆装或动手自制玩具。

目标 2　具有初步的探究能力

3～4 岁	4～5 岁	5～6 岁
1. 对感兴趣的事物能仔细观察,发现其明显特征; 2. 能用多种感官或动作去探索物体,关注动作所产生的结果	1. 能对事物或现象进行观察比较,发现其相同与不同之处; 2. 能根据观察结果提出问题,并大胆猜测答案; 3. 能通过简单的调查收集信息; 4. 能用图画或其他符号进行记录	1. 能通过观察、比较与分析,发现并描述不同种类物体的特征或某个事物前后的变化; 2. 能用一定的方法验证自己的猜测; 3. 在成人的帮助下能制定简单的调查计划并执行; 4. 能用数字、图画、图表或其他符号进行记录; 5. 探究中能与他人合作与交流

教育建议：

1. 有意识地引导幼儿观察周围事物，学习观察的基本方法，培养观察与分类能力。如：

● 支持幼儿自发的观察活动，对其发现表示赞赏。

● 通过提问等方式引导幼儿思考并对事物进行比较观察和连续观察。

● 引导幼儿在观察和探索的基础上，尝试进行简单的分类、概括。如：根据运动方式给动物分类，根据生长环境给植物分类，根据外部特征给物体分类等等。

2. 支持和鼓励幼儿在探究的过程中积极动手、动脑寻找答案或解决问题。如：

● 鼓励幼儿根据观察或发现提出值得继续探究的问题，或成人提出有探究意义且能激发幼儿兴趣的问题。如：皮球、轮胎、竹筒等物体滚动时都走直线吗？怎样让橡皮泥球浮在水面上？

● 支持和鼓励幼儿大胆联想、猜测问题的答案，并设法验证。如：玩风车时，鼓励幼儿猜测风车转动方向及速度快慢的原因和条件，并实际去验证。

● 支持、引导幼儿学习用适宜的方法探究和解决问题，或为自己的想法收集证据。如：想知道院子里有多少种植物，可以进行实地调查；想知道球在平地上还是在斜坡上滚得快，可以动手试一试；想证明影子的方向与太阳的位置有关，可以做个小实验进行验证等。

3. 鼓励和引导幼儿学习做简单的计划和记录，并与他人交流分享。如：

● 和幼儿共同制定调查计划，讨论调查对象、步骤和方法等，也可以和幼儿一起设法用图画、箭头等标识呈现计划。

● 鼓励幼儿用绘画、照相、做标本等办法记录观察和探究的过程与结果，注意要让记录有意义，通过记录帮助幼儿丰富观察经验、建立事物之间的联系和分享发现。

● 支持幼儿与同伴合作探究与分享交流，引导他们在交流中尝试整理、概括自己探究的成果，体验合作探究和发现的乐趣。如一起讨论和分享自己的问题与发现，一起想办法收集资料和验证猜测。

4. 帮助幼儿回顾自己的探究过程，讨论自己做了什么，是怎么做的，结果与计划目标是否一致，分析一下原因以及下一步要怎样做等。

目标 3　在探究中认识周围事物和现象

3～4 岁	4～5 岁	5～6 岁
1. 认识常见的动植物，能注意并发现周围的动植物是多种多样的；	1. 能感知和发现动植物的生长变化及基本条件；	1. 能察觉到动植物的外形特征、习性与生存环境的适应关系；

（续表）

3～4 岁	4～5 岁	5～6 岁
2. 能感知和发现物体和材料的软硬、光滑和粗糙等特性； 3. 能感知和体验天气对自己生活和活动的影响； 4. 初步了解和体会动植物和人们生活的关系	2. 能感知和发现常见材料的溶解、传热等性质或用途； 3. 能感知和发现简单物理现象，如物体形态或位置变化等； 4. 能感知和发现不同季节的特点，体验季节对动植物和人的影响； 5. 初步感知常用科技产品与自己生活的关系，知道科技产品有利也有弊	2. 能发现常见物体的结构与功能之间的关系； 3. 能探索并发现常见的物理现象产生的条件或影响因素，如影子、沉浮等； 4. 感知并了解季节变化的周期性，知道变化的顺序； 5. 初步了解人们的生活与自然环境的密切关系，知道尊重和珍惜生命，保护环境

教育建议：

1. 支持幼儿在接触自然、生活事物和现象中积累有益的直接经验和感性认识。如：

● 和幼儿一起通过户外活动、参观考察、种植和饲养活动，感知生物的多样性和独特性，以及生长发育、繁殖和死亡的过程。

● 给幼儿提供丰富的材料和适宜的工具，支持幼儿在游戏过程中探索并感知常见物质、材料的特性和物体的结构特点。

2. 引导幼儿在探究中思考，尝试进行简单的推理和分析，发现事物之间明显的关联。如：

● 引导 5 岁以上幼儿关注和思考动植物的外部特征、习性与生活环境对动植物生存的意义。如兔子的长耳朵具有自我保护的作用；植物种子的形状有助于其传播等。

● 引导幼儿根据常见物质、材料的特性和物体的结构特点，推测和证实它们的用途。如：带轮子的物体方便移动；不同用途的车辆有不同的结构等等。

3. 引导幼儿关注和了解自然、科技产品与人们生活的密切关系，逐渐懂得热爱、尊重、保护自然。如：

● 结合幼儿的生活需要，引导他们体会人与自然、动植物的依赖关系。如：动植物、季节变化与人们生活的关系、常见灾害性天气给人们生产和生活带来的影响等。

● 和幼儿一起讨论常见科技产品的用途和弊端，如：汽车等交通工具给生活带来的方便和对环境的污染等。

(二)数学认知

目标 1　初步感知生活中数学的有用和有趣

3～4 岁	4～5 岁	5～6 岁
1. 感知和发现周围物体的形状是多种多样的,对不同的形状感兴趣; 2. 体验和发现生活中很多地方都用到了数	1. 在成人指导下,感知和体会有些事物可以用形状来描述; 2. 在指导下,感知和体会有些事物可以用数来描述,对环境中各种数字的含义有进一步探究的兴趣	1. 能发现事物简单的排列规律,并尝试创造新的排列规律; 2. 能发现生活中许多问题都可以用数学的方法来解决,体验解决问题的乐趣

教育建议:

1. 引导幼儿注意事物的形状特征,尝试用表示形状的词来描述事物,体会描述的生动形象性和趣味性。如:

● 参观游览后,和幼儿一起谈论所看到的事物的形状,鼓励幼儿产生联想,并用自己的语言进行描述。如:熊猫的身体圆圆的,全身好像是由一个个圆形组成的。

● 和幼儿交谈或读书讲故事时,适当地运用一些有关形状的词汇来描述事物,如看图片时,和幼儿讨论奥运会场馆的形状,体会为什么有的场馆叫"水立方",有的叫"鸟巢"。

2. 引导幼儿感知和体会生活中很多地方都用到了数,关注周围与自己生活密切相关的数的信息,体会数可以代表不同的意义。如:

● 和幼儿一起寻找发现生活中用数字作标识的事物,如电话号码、时钟、日历和商品的价签等。

● 引导幼儿了解和感受数用在不同的地方,表示的意义是不一样的。如天气预报中表示气温的数代表冷热状况;钟表上的数表明时间的早晚等。

● 鼓励幼儿尝试使用数的信息进行一些简单的推理。如知道今天是星期五,能推断明天是星期六,爸爸妈妈休息。

3. 引导幼儿观察发现按照一定规律排列的事物,体会其中的排列特点与规律,并尝试自己创造出新的排列规律。如:

● 和幼儿一起发现和体会按一定顺序排列的队形是整齐有序的。

● 提供具有重复性旋律和词语的音乐、儿歌和故事,或利用环境中有序排列的图案(如按颜色间隔排列的瓷砖、按形状间隔排列的珠帘等),鼓励幼儿发现和感受其中的规律。

● 鼓励幼儿尝试自己设计有规律的花边图案、创编有一定规律的动作，或者按某种规律进行搭建活动。

● 引导幼儿体会生活中很多事情都是有一定顺序和规律的，如一周七天的顺序是从周一到周日，一年四季按照春夏秋冬轮回等。

4. 鼓励和支持幼儿发现、尝试解决日常生活中需要用到数学的问题，体会数学的用处。如：

● 拍球、跳绳、跳远或投沙包时，可通过数数、测量的方法确定名次。

● 讨论春游去哪里玩时，让幼儿商量想去哪里玩？每个想去的地方有多少人？根据统计结果做出决定。

● 滑滑梯时，按照"先来先玩"的规则有序地排队玩。

目标 2　感知和理解数、量及数量关系

3～4 岁	4～5 岁	5～6 岁
1. 能感知和区分物体的大小、多少、高矮、长短、粗细等量方面的特点，并能用相应的词表示； 2. 能通过一一对应的方法比较两组物体的多少； 3. 能手口一致地点数 5 个以内的物体，并能说出总数。能按数取物； 4. 能用数词描述事物或动作。如我有 4 本图书	1. 能感知和区分物体的粗细、厚薄、轻重等量方面的特点，并能用相应的词语描述； 2. 能通过数数比较两组物体的多少； 3. 能通过实际操作理解数与数之间的关系，如 5 比 4 多 1；2 和 3 合在一起是 5； 4. 会用数词描述事物的排列顺序和位置	1. 初步理解量的相对性； 2. 借助实际情境和操作（如合并或拿取）理解"加"和"减"的实际意义； 3. 能通过实物操作或其他方法进行 10 以内的加减运算； 4. 能用简单的记录表、统计图等表示简单的数量关系

教育建议：

1. 引导幼儿感知和理解事物"量"的特征。如：

● 感知常见事物的大小、多少、高矮、长短、粗细等量的特征，学习使用相应的词汇描述这些特征。

● 结合具体事物让幼儿通过多次比较逐渐理解"量"是相对的。如小亮比小明高，但比小强矮。

● 收拾物品时，根据情况，鼓励幼儿按照物体量的特征分类整理。如整理图书时按照大小摆放。

2. 结合日常生活，指导幼儿学习通过对应或数数的方式比较物体的多少。如：

● 鼓励幼儿在一对一配对的过程中发现两组物体的多少。如，在给桌子上的每个碗配上勺子时，发现碗和勺多少的不同。

● 鼓励幼儿通过数数比较两样东西的多少。如数一数有多少个苹果，多少个梨，判断苹果和梨哪个多，哪个少。

3. 利用生活和游戏中的实际情境，引导幼儿理解数概念。如：

● 结合生活需要，和幼儿一起手口一致点数物体，得出物体的总数。

● 通过点数的方式让幼儿体会物体的数量不会因排列形式、空间位置的不同而发生变化。如鼓励幼儿将一定数量的扣子以不同的形式摆放，体会扣子的数量是不变的。

● 结合日常生活，为幼儿提供"按数取物"的机会，如游戏时，请幼儿按要求拿出几个球。

4. 通过实物操作引导幼儿理解数与数之间的关系，并用"加"或"减"的办法来解决问题。如：

● 游戏中遇到让 4 个小动物住进两间房子的问题，或生活中遇到将 5 块饼干分给两个小朋友问题时，让幼儿尝试不同的分法。

● 鼓励幼儿尝试自己解决生活中的数学问题。如家里来了 5 位客人，桌子上只有 3 个杯子，还需要几个杯子等。

● 购少量物品时，有意识地鼓励幼儿参与计算和付款的过程等。

目标 3　感知形状与空间关系

3～4 岁	4～5 岁	5～6 岁
1. 能注意物体较明显的形状特征，并能用自己的语言描述； 2. 能感知物体基本的空间位置与方位，理解上下、前后、里外等方位词	1. 能感知物体的形体结构特征，画出或拼搭出该物体的造型； 2. 能感知和发现常见几何图形的基本特征，并能进行分类； 3. 能使用上下、前后、里外、中间、旁边等方位词描述物体的位置和运动方向	1. 能用常见的几何形体有创意地拼搭和画出物体的造型； 2. 能按语言指示或根据简单示意图正确取放物品； 3. 能辨别自己的左右

教育建议：

1. 用多种方法帮助幼儿在物体与几何形体之间建立联系。如：

● 引导幼儿感受生活中各种物品的形状特征，并尝试识别和描述。如感受和识别盘子、桌子、车轮、地砖等物品的形状特征。

● 鼓励和支持幼儿用积木、纸盒、拼板等各种形状的材料进行建构游戏或制作活动。如用长方形的纸盒加两个圆形瓶盖制作“汽车”。

● 收拾整理积木时，引导幼儿体验图形之间的转换。如两个三角形可组合成一个正方形，两个正方形可组合成一个长方形。

● 引导幼儿注意观察生活物品的图形特征，鼓励他们按形状分类整理物品。

2. 丰富幼儿空间方位识别的经验，引导幼儿运用空间方位经验解决问题。如：

● 请幼儿取放物体时，使用他们能够理解的方位词，如把桌子下面的东西放到窗台上，把花盆放在大树旁边等。

● 和幼儿一起识别熟悉场所的位置。如超市在家的旁边，邮局在幼儿园的前面。

● 在体育、音乐和舞蹈活动中，引导幼儿感受空间方位和运动方向。

● 和幼儿玩按指令找宝的游戏。对年龄小的幼儿要求他们按语言指令寻找，对年龄大些的幼儿可要求按照简单的示意图寻找。

五、艺术

艺术是人类感受美、表现美和创造美的重要形式，也是表达自己对周围世界的认识和情绪态度的独特方式。

每个幼儿心里都有一颗美的种子。幼儿艺术领域学习的关键在于充分创造条件和机会，在大自然和社会文化生活中萌发幼儿对美的感受和体验，丰富其想象力和创造力，引导幼儿学会用心灵去感受和发现美，用自己的方式去表现和创造美。

幼儿对事物的感受和理解不同于成人，他们表达自己认识和情感的方式也有别于成人。幼儿独特的笔触、动作和语言往往蕴含着丰富的想象和情感，成人应对幼儿的艺术表现给予充分的理解和尊重，不能用自己的审美标准去评判幼儿，更不能为追求结果的“完美”而对幼儿进行千篇一律的训练，以免扼杀其想象与创造的萌芽。

(一)感受与欣赏

目标 1　喜欢自然界与生活中美的事物

3～4 岁	4～5 岁	5～6 岁
1. 喜欢观看花草树木、日月星空等大自然中美的事物； 2. 容易被自然界中的鸟鸣、风声、雨声等好听的声音所吸引	1. 在欣赏自然界和生活环境中美的事物时，关注其色彩、形态等特征； 2. 喜欢倾听各种好听的声音，感知声音的高低、长短、强弱等变化；	1. 乐于收集美的物品或向别人介绍所发现的美的事物； 2. 乐于模仿自然界和生活环境中有特点的声音，并产生相应的联想

教育建议:

1. 和幼儿一起感受、发现和欣赏自然环境和人文景观中美的事物。如:

● 让幼儿多接触大自然,感受和欣赏美丽的景色和好听的声音。

● 经常带幼儿参观园林、名胜古迹等人文景观,讲讲有关的历史故事、传说,与幼儿一起讨论和交流对美的感受。

2. 和幼儿一起发现美的事物的特征,感受和欣赏美。如:

● 让幼儿观察常见动植物以及其他物体,引导幼儿用自己的语言、动作等描述它们美的方面,如颜色、形状、形态等。

● 让幼儿倾听和分辨各种声响,引导幼儿用自己的方式来表达他对音色、强弱、快慢的感受。

● 支持幼儿收集喜欢的物品并和他一起欣赏。

目标2　喜欢欣赏多种多样的艺术形式和作品

3～4岁	4～5岁	5～6岁
1. 喜欢听音乐或观看舞蹈、戏剧等表演; 2. 乐于观看绘画、泥塑或其他艺术形式的作品	1. 能够专心地观看自己喜欢的文艺演出或艺术品,有模仿和参与的愿望; 2. 欣赏艺术作品时会产生相应的联想和情绪反应	1. 艺术欣赏时常常用表情、动作、语言等方式表达自己的理解; 2. 愿意和别人分享、交流自己喜爱的艺术作品和美感体验

教育建议:

1. 创造条件让幼儿接触多种艺术形式和作品。如:

● 经常让幼儿接触适宜的、各种形式的音乐作品,丰富幼儿对音乐的感受和体验。

● 和幼儿一起用图画、手工制品等装饰和美化环境。

● 带幼儿观看或共同参与传统民间艺术和地方民俗文化活动,如皮影戏、剪纸和捏面人等。

● 有条件的情况下,带幼儿去剧院、美术馆、博物馆等欣赏文艺表演和艺术作品。

2. 尊重幼儿的兴趣和独特感受,理解他们欣赏时的行为。如:

● 理解和尊重幼儿在欣赏艺术作品时的手舞足蹈、即兴模仿等行为。

● 当幼儿主动介绍自己喜爱的舞蹈、戏曲、绘画或工艺品时,要耐心倾听并给予积极回应和鼓励。

(二)表现与创造

目标1　喜欢进行艺术活动并大胆表现

3～4岁	4～5岁	5～6岁
1. 经常自哼自唱或模仿有趣的动作、表情和声调; 2. 经常涂涂画画、粘粘贴贴并乐在其中	1. 经常唱唱跳跳,愿意参加歌唱、律动、舞蹈、表演等活动; 2. 经常用绘画、捏泥、手工制作等多种方式表现自己的所见所想	1. 积极参与艺术活动,有自己比较喜欢的活动形式; 2. 能用多种工具、材料或不同的表现手法表达自己的感受和想象; 3. 艺术活动中能与他人相互配合,也能独立表现

教育建议:

1. 创造机会和条件,支持幼儿自发的艺术表现和创造。

● 提供丰富的便于幼儿取放的材料、工具或物品,支持幼儿进行自主绘画、手工、歌唱、表演等艺术活动。

● 经常和幼儿一起唱歌、表演、绘画、制作,共同分享艺术活动的乐趣。

2. 营造安全的心理氛围,让幼儿敢于并乐于表达表现。如:

● 欣赏和回应幼儿的哼哼唱唱、模仿表演等自发的艺术活动,赞赏他独特的表现方式。

● 在幼儿自主表达创作过程中,不做过多干预或把自己的意愿强加给幼儿,在幼儿需要时再给予具体的帮助。

● 了解并倾听幼儿艺术表现的想法或感受,领会并尊重幼儿的创作意图,不简单用“像不像”“好不好”等成人标准来评价。

● 展示幼儿的作品,鼓励幼儿用自己的作品或艺术品布置环境。

目标2　具有初步的艺术表现与创造能力

3～4岁	4～5岁	5～6岁
1. 能模仿学唱短小歌曲; 2. 能跟随熟悉的音乐做身体动作; 3. 能用声音、动作、姿态模拟自然界的事物和生活情景; 4. 能用简单的线条和色彩大体画出自己想画的人或事物;	1. 能用自然的、音量适中的声音基本准确地唱歌; 2. 能通过即兴哼唱、即兴表演或给熟悉的歌曲编词来表达自己的心情; 3. 能用拍手、踏脚等身体动作或可敲击的物品敲打节拍和基本节奏; 4. 能运用绘画、手工制作等表现自己观察到或想象的事物	1. 能用基本准确的节奏和音调唱歌; 2. 能用律动或简单的舞蹈动作表现自己的情绪或自然界的情景; 3. 能自编自演故事,并为表演选择和搭配简单的服饰、道具或布景; 4. 能用自己制作的美术作品布置环境、美化生活

教育建议：

尊重幼儿自发的表现和创造，并给予适当的指导。如：

● 鼓励幼儿在生活中细心观察、体验，为艺术活动积累经验与素材。如，观察不同树种的形态、色彩等。

● 提供丰富的材料，如图书、照片、绘画或音乐作品等，让幼儿自主选择，用自己喜欢的方式去模仿或创作，成人不做过多要求。

● 根据幼儿的生活经验，与幼儿共同确定艺术所表达、表现的主题，引导幼儿围绕主题展开想象，进行艺术表现。

● 幼儿绘画时，不宜提供范画，特别不应要求幼儿完全按照范画来画。

● 肯定幼儿作品的优点，用表达自己感受的方式引导其提高。如，“你的画用了这么多红颜色，感觉就像过年一样喜庆”“你扮演的大灰狼声音真像，要是表情再凶一点就更好了”等。

参考文献

[1] 朱智贤．儿童心理学[M]．北京:人民教育出版社,1980.

[2] 曹日昌．普通心理学(上册)[M].3版．北京:人民教育出版社,1980.

[3] 曹日昌．普通心理学(下册)[M]．北京:人民教育出版社,1979.

[4] 林崇德．发展心理学[M].3版．北京:人民教育出版社,2018.

[5] 莫雷．教育心理学[M]．北京:教育科学出版社,2007.

[6] 彭聃龄．普通心理学[M].4版．北京:北京师范大学出版社,2012.

[7] 傅宏．学前心理学[M]．芜湖:安徽师范大学出版社,2018.

[8] 张厚粲,许燕．心理学导论[M]．北京:北京师范大学出版社,2018.

[9] 黄希庭．心理学导论[M]．北京:人民教育出版社,1991.

[10] 叶奕乾,何存道,梁宁建．普通心理学[M]．上海:华东师范大学出版社,1997.

[11] 叶瑜琳．幼儿园以绘本培养幼儿前阅读能力的策略[J]．科普童话,2019(20):165.

[12] 格里格,津巴多．心理学与生活[M]．王垒,王甦,等译．北京:人民邮电出版社,2003.

[13] 林泳海．幼儿教育心理学[M]．北京:商务印书馆,2006.

[14] 王振宇．学前儿童发展心理学[M]．北京:人民教育出版社,2015.

[15] 刘儒德．教育心理学[M]．北京:北京师范大学出版社,2018.

[16] 桑标．儿童发展心理学[M]．北京:高等教育出版社,2009.

[17] 周念丽,张春霞．学前儿童发展心理学[M]．上海:华东师范大学出版社,1999.

[18] 刘红燕,王永存．学前儿童发展心理学[M]．北京:首都师范大学出版社,2017.

[19] 刘金花．儿童发展心理学[M].3版．上海:华东师范大学出版社,2013.

[20] 库恩．心理学导论:思想与行为的认识之路[M]．郑钢,等译.9版．北京:中国轻工业出版社,2004.

[21] 陈帼眉,冯晓霞,庞丽娟．学前儿童发展心理学[M]．北京:北京师范大

学出版社,2013.

[22] 王小英．学前儿童心理学[M]．长春:东北师范大学出版社,2015.

[23] 陈帼眉．幼儿心理学[M].2 版．北京:北京师范大学出版社,2017.

[24] 罗劲,应小萍．思维与语言的关系:来自认知神经科学的证据[J]．心理科学进展,2005(4):454 - 465.

[25] 李林,杨治良．内隐记忆研究的新进展:概念、实验和模型[J]．心理科学,2004(5):1161 - 1164.

[26] 马前锋,孔克勤．文化与人格:心理人类学的解释[J]．心理科学,2007(6):1517 - 1520.

[27] 周萍,陈琦鹂．情绪刺激材料的研究进展[J]．心理科学,2008(2):424 -426.

[28] 李自芳．创设适宜环境,培养幼儿前阅读能力[J]．亚太教育,2015(31):4.

[29] 吴建平．幼儿前阅读能力培养的途径与方法[J]．小学科学(教师论坛),2011(8):134 - 136.

[30] 兰贯虹,张芳玲．运用图谱法培养幼儿前阅读能力的研究与思考[J]．山东教育(幼教刊),2004(15):11 - 12.

[31] 任衍具,禤宇明,傅小兰．视觉短时记忆与视知觉的信息整合[J]．心理科学进展,2007(2):301 - 307.

[32] 谢海英．幼儿前书写及前阅读能力培养——以百草园自然生态教育为例[J]．教师,2020(4):126 - 127.

[33] 刘秋英．幼儿前阅读能力培养的途径与方法探讨[J]．课外语文,2016(36):105.

[34] 赖玉珍．开展早期阅读　培养幼儿前阅读能力[J]．华章,2013(6):287.

[35] 陈阿煌．幼儿前阅读能力培养的途径与方法探索[J]．神州,2013(34):49.